朝倉土木工学シリーズ 1

コンクリート材料

大即信明・宮里心一 著

朝倉書店

序

　「コンクリート」に関する教科書や参考書は数多くある．なぜ，筆者があらためて本書を執筆したかの動機をお伝えしたい．
　誤解を恐れずに述べると，①「なぜに，この事項を学ぶ必要があるのだろうか」という問いに正対したこと，②性能にこだわったこと，の2つの理由による．いままでの書は，「これは，このようなものである」という書き方で，コンクリート工学に関わる事項や定義を述べたものが多かった．これらの書では実際にコンクリートに触れてみるまでは，「なるほど，こういうことか」とは深く理解できないのではないかと感じていた．また，「こうするとよいものができる」という書き方では，その「こうすると」という方法が，できあがったコンクリートの性能にどのように影響し，その結果どのように「よいもの」となるのかが理解しにくいようにも感じていた．ある程度のコンクリートに関する知識および経験をもつ者にとっては上記のような書は大いに役立つであろう．そして，コンクリートに触れてみてより深く関わるとさらに理解が深まるだろう．しかしながら，コンクリートを扱ったことのない初学者にとっては，「なぜ，こんなことを勉強する必要があって，これがなににどう関係するのだろう？」ということが理解できずに，「コンクリート」という学問が丸暗記の興味を引かない学問となっているのではないかと筆者は常々思っていた．
　このような考えで，浅学ではあるが，上記の「なぜ，……関係するのだろう？」という問いに対して答えられるものとして本書を執筆した次第である．

　本書は，性能を表に出して種々の事項を説明しようとしている．したがって，性能という用語を多く用いた．しかし，元来，コンクリートや材料の分野では，品質や性質が用語として多く用いられてきた．これと，性能という用語の関係をみると（下記に土木学会的な意味と岩波国語辞典からの意味を示す），「性能」は「性質と品質」を能力という観点からみたものと考えられる．よって，工学では能力を対象とするので，従来は品質や性質で表されていたものすべてを性能としてもよさそうである．とはいえ，慣用的に品質や性質のほうがなじ

む場合もある．その場合は品質（性能）あるいは性質（性能）と記述した．

ノート　用語
性能（土木学会）：目的または要求に応じて発揮する能力
性能（岩波国語辞典）：機械などが仕事をする上で認められる性質と能力
性質（岩波国語辞典）：事物に備わった（固有のまたは着目時における）特徴
品質（岩波国語辞典）：品物の質，しながら
質：もちまえ，うまれつき

　また，本書では，最新あるいは厳密であることよりは，最もわかりやすい，あるいはオーソライズされていることを優先している．このため，参考文献は，オーソライズされている学会，協会などのものを多く用いている．したがって，同一の規準や書籍がたびたび引用されていることをご承知いただきたい．

　なお，土木学会コンクリート標準示方書は文中において［施工編］［維持管理編］と簡略化しているところもある．

　本書を刊行する上で本文を再読し，わかりにくいところを相当手直ししたつもりであるが，「性能」を前面に出したこともあって，なかなか取り付きにくいところも随分あるかもしれない．その点は読者の方々には申し訳ないかぎりである．今後，筆者自身も本書を教科書として使用してみて改善すべきところを洗い出すつもりである．もし機会があれば，より使いやすい教科書をめざして再度書き直してみたい．本書が，これからの，「性能」主体の考え方および「維持管理」の時代に少しでも役立てば，筆者らの望外の幸せである．

　本書の刊行にあたっては，朝倉書店の方々や東京工業大学の灘岡和夫教授の励まし，研究室の西田助手をはじめ，学生諸君の協力によりなんとか完成にたどりついた．また，京都大学の宮川豊章教授をはじめとする土木学会維持管理部会メンバーとの意見交換により多くのアイデアをいただいた．これらの方々にこの場を借りて感謝申し上げたい．

2003年10月

大即信明
宮里心一

目 次

1. 総 論 ···1
   1.1 材料とは ··1
   1.2 建設材料とは ··2
   1.3 コンクリートの位置づけ ··3
   1.4 コンクリートの特徴および性能 ···5
   1.5 鉄筋コンクリートおよびプレストレストコンクリート ·········6
   1.6 コンクリートの用途および施工 ···7
   演習問題 ··7

2. コンクリートの構造 ··9
   2.1 コンクリートの3つの相 ··9
   2.2 セメントマトリックス相（セメントペースト相）················9
   2.3 骨材相 ··10
   2.4 境界相 ··12
   2.5 空隙構造 ···13
   2.6 3つの相とコンクリートの性能 ···14
   演習問題 ··15

3. コンクリートの構成材料··19
   3.1 セメント ···19
      3.1.1 要求性能 19
      3.1.2 セメントの製造 21
      3.1.3 化学成分・組成化合物 22
      3.1.4 セメントの水和反応と硬化体 24
      3.1.5 セメントの種類 26
   3.2 水 ··32

3.2.1　要求性能　32
　　3.2.2　一般的な水　32
　　3.2.3　塩類やその他の成分を含む水　33
　　3.2.4　レディーミクストコンクリート工場の回収水　34
3.3　骨　材 …………………………………………………………………35
　　3.3.1　要求性能　35
　　3.3.2　骨材の分類および区分　36
　　3.3.3　骨材の種々の性質（性能）　36
　　3.3.4　各種骨材　45
3.4　混和材料 ………………………………………………………………49
　　3.4.1　要求性能　50
　　3.4.2　混和材　51
　　3.4.3　混和剤　54
3.5　その他の材料 …………………………………………………………58
3.6　廃棄物（産業副産物）とコンクリート用材料 ……………………58
演習問題 …………………………………………………………………………59

4. フレッシュコンクリート …………………………………………………63
4.1　要求性能 ………………………………………………………………63
4.2　ワーカビリティーおよびコンシステンシー ………………………64
　　4.2.1　ワーカビリティー　65
　　4.2.2　コンシステンシー　66
4.3　材料分離 ………………………………………………………………69
　　4.3.1　粗骨材の局部的な集中　70
　　4.3.2　ブリーディング　70
　　4.3.3　施工方法の影響　71
　　4.3.4　材料分離の測定方法　71
4.4　凝結・硬化過程 ………………………………………………………71
4.5　フレッシュコンクリートでの初期欠陥発生 ………………………72
　　4.5.1　初期容積変化　72
　　4.5.2　温度上昇（水和熱）　73

4.5.3　コールドジョイント　74
　4.6　レオロジーの基礎 …………………………………………………74
　演習問題 ………………………………………………………………76

5. 硬化コンクリート……………………………………………………**79**
　5.1　要求性能 ……………………………………………………………79
　5.2　強　度 ………………………………………………………………80
　　5.2.1　圧縮強度　80
　　5.2.2　圧縮強度以外の強度　85
　　5.2.3　疲労強度　90
　　5.2.4　高強度の要件　91
　5.3　変形性能 ……………………………………………………………91
　　5.3.1　圧縮荷重による変形性状および性能　92
　　5.3.2　クリープ（荷重による経時的な体積変化）　96
　　5.3.3　乾燥収縮および自己収縮（水の移動による体積変化）　98
　　5.3.4　温度変化による体積変化　100
　5.4　ひび割れ抵抗性能―特に施工段階において―………………101
　　5.4.1　コンクリートのひび割れ　101
　　5.4.2　施工段階で発生するひび割れの照査　103
　5.5　質量，水密性，熱的性質，その他 ………………………………106
　　5.5.1　単位容積質量　106
　　5.5.2　水密性　106
　　5.5.3　熱的性質　108
　　5.5.4　その他の性能　109
　5.6　強度理論 ……………………………………………………………109
　5.7　資料：強度に種々の要因が及ぼす影響 …………………………109
　演習問題 ………………………………………………………………112

6. 配合設計 ………………………………………………………………**114**
　6.1　配合設計時に考慮する性能 ………………………………………114
　6.2　標準的な配合設計の方法 …………………………………………116

         6.2.1 一般的な考え方　116
         6.2.2 具体的な手順　118
         6.2.3 配合の表し方　127
         6.2.4 配合設計例と試し練りの実際　128
    6.3 コンクリートの性能照査 …………………………………………134
    6.4 種々の配合の考え方 ………………………………………………137
         6.4.1 日本建築学会の考え方　137
         6.4.2 各種の考え方　137
    演習問題 ………………………………………………………………139

7. コンクリートの製造 ……………………………………………………**145**
    7.1 共通事項 ……………………………………………………………146
         7.1.1 一般的な製造設備　146
         7.1.2 材料の貯蔵と管理　147
         7.1.3 材料の計量　148
         7.1.4 練混ぜ　150
         7.1.5 品質管理および検査　153
    7.2 レディーミクストコンクリート …………………………………157
         7.2.1 定義と意義　157
         7.2.2 レディーミクストコンクリートで特に注意すべき事項　158
    7.3 現場での製造 ………………………………………………………160
         7.3.1 意　義　160
         7.3.2 現場コンクリートプラントの種類　161
    7.4 製品工場での製造 …………………………………………………162
         7.4.1 コンクリート製品について　162
         7.4.2 製品用コンクリートの意義　162
         7.4.3 製品用コンクリートの特徴　163
    演習問題 ………………………………………………………………164

8. コンクリートの施工 ……………………………………………………**167**
    8.1 運　搬 ………………………………………………………………167

  8.1.1　意　義　167
  8.1.2　運搬時間　169
  8.1.3　コンクリートプラントから荷卸地点までの運搬　170
  8.1.4　荷卸地点から打込み場所までの運搬　170
 8.2　打込み・締固め …………………………………………………173
  8.2.1　意　義　173
  8.2.2　打込み　173
  8.2.3　締固め　178
 8.3　打継ぎ ……………………………………………………………180
  8.3.1　定義および意義　180
  8.3.2　構造性能上の配慮　180
  8.3.3　水平打継目の施工　180
  8.3.4　鉛直打継目　181
 8.4　養　生 ……………………………………………………………182
  8.4.1　定義および意義　182
  8.4.2　初期材齢での処置（初期養生）　182
  8.4.3　湿潤養生　183
  8.4.4　温度制御養生　183
  8.4.5　有害な作用に対し保護する養生　184
 8.5　コンクリート製品の製造上での特徴 ……………………………185
  8.5.1　配合の特徴　185
  8.5.2　締固めおよび型枠　185
  8.5.3　養　生　186
 演習問題 …………………………………………………………………187

9.　コンクリート部材の耐久性，耐久性能および耐久性照査 …………190
 9.1　耐久性，耐久性能および耐久性照査とは ……………………190
  9.1.1　概　説　190
  9.1.2　関連する用語　191
 9.2　中性化 ……………………………………………………………192
  9.2.1　中性化とは　192

9.2.2　中性化による劣化の進行　193
　　9.2.3　対　策　195
　　9.2.4　耐久性照査　195
　9.3　塩　害 ……………………………………………………196
　　9.3.1　塩害とは　196
　　9.3.2　塩害による劣化　196
　　9.3.3　対　策　198
　　9.3.4　耐久性照査　199
　9.4　凍　害 ……………………………………………………200
　　9.4.1　凍害とは　200
　　9.4.2　凍害による劣化および劣化過程　200
　　9.4.3　対　策　202
　　9.4.4　耐久性照査　203
　9.5　アルカリ骨材反応 ………………………………………205
　　9.5.1　アルカリ骨材反応とは　205
　　9.5.2　アルカリ骨材反応の進行および劣化過程　205
　　9.5.3　対　策　208
　　9.5.4　耐久性照査　208
　演習問題 …………………………………………………………209

10. 維持管理の基本的な考え方 ……………………………213
　10.1　維持管理の定義と役割 …………………………………213
　　10.1.1　定　義　213
　　10.1.2　維持管理の開始　214
　　10.1.3　性　能　215
　　10.1.4　維持管理の区分　215
　　10.1.5　維持管理の行為　216
　10.2　構造物（部材）の生涯シナリオ ………………………217
　　10.2.1　維持管理の決断　217
　　10.2.2　管理者の生涯シナリオ　217
　　10.2.3　技術者の検討　217

10.3 維持管理の行為 …………………………………………………………219
　　10.3.1 初期点検　219
　　10.3.2 劣化予測　219
　　10.3.3 点　検　220
　　10.3.4 評価および判定　220
　　10.3.5 対　策　220
　　10.3.6 記　録　221
10.4 今後の課題 ………………………………………………………………221
演習問題 ……………………………………………………………………………221

参 考 文 献 ……………………………………………………………………223
索　　引 ………………………………………………………………………229

1. 総　　論

　本章では，コンクリートの材料としての位置づけを明確にする．すなわち，材料とはなにか，その中で建設材料はどのような位置づけであって，さらにその中でのコンクリートの位置づけを述べる．
　また，コンクリートの用途についても概説する．

1.1　材　料　と　は

　本書でいう材料（material）とは，構造物や製品に利用できる固体である．
　どのように利用されるかによって，要求される性能が定まる．これらの性能には，強度，密度，弾性係数，融点，電気や熱の伝導率，塑性加工性，耐久性（能），さらには美観などがあり，美観などを除いてほとんどが物理的な性能に関するものである．なお，物理的な性能の中で，強度に関するものと変形に関するもの（弾性係数，応力-ひずみ曲線など）を力学的な性質（性能）と区別する場合もある．
　ある物質が十分に物理的な性能を満たしていても，材料として工学的に利用されるには，さらに，次のような条件を満足させる必要がある．
　1つは，製造や加工が楽にできることである．構造物や製品となるには，必要な形状に容易に加工されることが必要である．もちろん，比較的容易に製造や調達ができるものがよい．
　もう1つは，経済性に優れていることである．建設材料を使用する場合，もちろんコストがかからないほうがよい．コストには，材料自体のコストと加工や運搬費などがある．近年，材料自体のコストより加工や運搬コストの上昇のほうが著しい．
　材料は，一般に，金属材料（metal），無機材料（セラミックス：ceramics

or inorganic materials)，有機材料（プラスチック：plastics or organic materials）などに分類できる．

　金属材料は，良好な導電性，光反射性を有し，低温でも塑性加工性があるが，多くの場合，化学的にそれほど安定でない．すなわち，腐食しやすい．

　無機材料は，導電性が悪く，塑性加工性はない．化学的には安定である．

　有機材料は，導電性が悪く，低温ではぜい（脆）性を示すが，高温では塑性加工性がある．室温大気中では比較的化学的に安定である．

　さらに，金属と無機材料の中間的なものとして半導体（semi-conductor），無機と有機材料の中間的なものとしてシリコン（silicone）がある[1]．

　これらとは分類の考えが違うが，複合材料（composite materials）をつけ加える必要がある．これは少なくとも異なる2つの材料の組合せにより製造される材料である．この組合せによって，単一材料では得られない新しい性能を持つ材料となる．この分類に，コンクリート（concrete）も鉄筋コンクリート（RC：reinforced concrete）も含まれる．

　ノート　複合材料は，大きく① 分散強化複合材料（dispersion strengthened composite materials），② 粒子強化複合材料（particle reinforced composite materials），③ 繊維強化複合材料（fiber reinforced composite materials）に分類できる．コンクリートは②に，鉄筋コンクリートは③に分類できる．

1.2　建設材料とは

　建設材料（construction materials）は，いわゆる社会資本施設に用いられる材料である．簡単にいうと，都市，道路，鉄道，港湾などを構成する橋，トンネル，ダム，防波堤，建物などの構造物に用いられる材料である．

　では，材料の中で建設材料は特にどのような性能を要求されるのだろうか．

　構造物は，一般に他の製品，すなわち電化製品，食品，自動車などに比べて寸法が大きい．また，外部の環境に直接さらされている．寿命が，他の製品に比べて数十年〜数百年と長い，工事の大半が現場であることが多い，単品生産である，といった特徴を持つ．

　以上のことより，特に要求される性能としては，

① 大量に使用できること，これに付随して安価であること．
② 各々の環境に対して耐久性（能）がよいこと．
③ 各々の現場での施工が容易であること（施工性能）．
　　（各々とわざわざつけたのは，1つ1つで異なることを強調したのである．）

もちろん，通常の材料として要求される強度，粘り，美観，さらには安全性（能）といったことがあげられる．

なお，特別な場合（寒中でのコンクリート構造物の製造など）にはこれらの性能とは別途のものが重視されることがある．

以上の事項をふまえて，建設材料を1.1節に沿って分類すると以下のようである[1]．

1）金属材料　この中で最も重要なのは，鉄（鉄鋼：steel）である．この他，アルミニウム，チタンなども建設材料として用いられる．加工したものとして，鋼管，鋼矢板などがある．

2）無機材料（セラミックス）　セメント，粘土，土，石などである．さらに加工品として，レンガなどがある．

3）有機材料　プラスチック，ゴムなどがある．

4）複合材料　コンクリート（無機系），アスファルトコンクリート，鉄筋コンクリート，FRP（fiber reinforced plastics）などがある．これを加工したものとして，コンクリート工場製品などがある．

1.3　コンクリートの位置づけ

さて，本書は「コンクリート材料」である．前述のように，複合材料（無機系）である．ここでは，なぜ，この材料が一冊の本とするほど重要であるのかについて述べる．

1）コンクリートとは　広義には，固形物（骨材：aggregate or inclusion）を結合材（のり：binder or matrix）で固めた（包んだ）ものをいう．

本書では，固形物として骨材（砂利，砕石，砂，細砂など），結合材としてセメントペーストを用いたセメントコンクリートをコンクリートと狭義に定義する．コンクリート材料とは，コンクリートを主としてモルタル，セメントペ

ーストを含めたものと定義している．なお，モルタルとは粗骨材（砂利，砕石）を用いないもの，ペーストとは骨材を用いないものである．

2）コンクリートはなぜ使われるか　前述した建設材料に特に要求される性能をすべて有しているためである．

① 大量に使用できること，これに付随して安価であること．
② 各々の環境に対して耐久性（能）がよいこと．
③ 各々の現場での施工が容易であること（施工性能）．

まず，①については，ある程度の強度（10～100 N/mm²程度）を有し，かつ非常に安価である．どのくらい安価かというとレディーミクストコンクリートで2002年度平均10700円/m³（東京）である．コンクリート1m³を2300kgとすると1kgあたり5円ちょっとである．骨材として現地のものを利用できるということも利点である．ダムのように10万～100万m³ものコンクリートを使用する場合には特に有利である．なお，2002年度のレディーミクストコンクリートの出荷数量は約1億3141万m³であった．

②については，コンクリート自体はわが国の通常の環境条件であれば，適切な配合設計・施工が行われれば，100年は優に性能を保持できる．この一例として，小樽港防波堤を構成するコンクリートブロックをあげることができる[2]．

ノート　小樽港防波堤は，1900年頃に小樽港に建設されたわが国最初のコンクリート製防波堤である．現在でもこの防波堤のコンクリートはほとんど劣化していない．さらに，この建設を行った広井 勇博士が計画したモルタル供試体の耐久性試験がいまなお継続中であることでも有名である．

③については，現場あるいは製品工場において，フレッシュコンクリートを任意の型枠に打設することによってコンクリート構造物を建設できる．すなわち，特別な高度の技術は要せず，一般には施工は容易である．

このように，①，②，③の条件を満たすとともに，近年では，種々の産業廃棄物を有効利用する場合に最も使用しやすいのがコンクリートであるということもある．さらに，鋼材との相性がきわめてよい．すなわち，コンクリートは鋼材を保護する性能を持ち，かつ温度膨張係数がほぼ同じであることなどによって，鉄筋コンクリートやプレストレストコンクリート（PC：prestressed concrete）としても利用できる．

3） 代わるものはあるか　コンクリート以上に安くて大量に生産でき，しかもある程度の強度や耐久性を持つものはあるだろうか．土・岩石や水以外に考えつかない．土に結合材（binder）を混ぜてある程度の強度耐久性を持たせる，あるいは，氷を構造物に用いる，などを想像するが，無理がある．筆者の想像力の範囲では代わるものは考えつかない．

4） コンクリートジャングルなどと悪評があること　あまりにも安価で優秀な材料であるため，現代文明の象徴となってしまった．現代文明批判の矢面に立った感じがする．しかし，百歩譲って，批判を甘んじて受けたとしても，コンクリートは悪くなくそれを不適切に用いた人間が悪いのである．

1.4　コンクリートの特徴および性能

　他の材料，特に機械や電気製品ときわめて異なる特徴としては，現場で施工することが可能な材料であって，しかも，鋼材（鉄）とも異なり，現場に未完成品（半製品）であるフレッシュコンクリート（fresh concrete）の状態で運搬されたものを，打設，養生して初めて固体としての性能を発揮するのである．

　しかも，現場で用いる土とは異なり，人為的に性能を定めることができる．言い換えると，現場で半製品として使用される工業材料という特徴がある．現場で半製品ということでコンクリートと同様なものとして，樹脂もあげられる．

　フレッシュコンクリートの性質（性能）として，複合（多相）材料であることの他に，粘弾性体であること，経時変化すること，材料分離（segregation）すること，硬化時に発熱すること，などがあげられる．この性質（性能）に対して，施工に際して要求される性能，すなわち施工性能は，土木学会では「コンクリートは，施工条件，構造条件，環境条件に応じてその運搬，打込み，締固め，仕上げなどの作業に適する施工性能を有していなければならない」[3)]とされ，①ワーカビリティー（workability），②ポンパビリティー（pumpability），③凝結特性，④施工時強度，の4つを特にあげている．

　フレッシュコンクリートを打設してから，数日以上経過すると硬化する．この状態のコンクリートを硬化コンクリート（hardened concrete）という．

　硬化コンクリートの性質として，複合（多相）材料であることの他に，ある

程度の強度を有する（圧縮強度 10〜100 MPa，密度は通常 2300 kg/m³ 程度），体積変化は少ない，アルカリ性を示す，などがある．硬化したコンクリートへの要求性能は，①均質性，②強度，③耐久性（能），④水密性，⑤ひび割れ抵抗性，⑥鋼材を保護する性能，などがあげられる．

1.5 鉄筋コンクリートおよびプレストレストコンクリート

鉄筋コンクリートおよびプレストレストコンクリートは，コンクリートを構造体（構造部材）として用いる場合に最も多く使用される複合材料である．

一般のコンクリートは，圧縮力には比較的強いが，引張力には弱い．このため，コンクリート自体は圧縮部材に適している．しかしながら，梁，柱，壁，スラブなどの部材は，曲げを受けるため，少なくとも断面の片側には引張力を受ける．このような場合には，これらの曲げに対する耐荷力は，コンクリートの引張強度で定まりきわめて小さなものになってしまうが，圧縮には大きな余力があり，きわめて不合理である．

このような場合，引張に対して何らかの補強をすれば，コンクリートの圧縮強度を有効に用いることができ，大きな耐荷力を得られることが考えられる．

コンクリートを構造部材として用いる場合，鉄筋コンクリートとして用いるほうが都合がよいと考えられる主な理由は以下のようである．

① コンクリートは比較的圧縮に強く，鉄筋は引張に強い．
② コンクリートと鉄筋の温度に対する膨張係数がほぼ等しい．
③ コンクリート中に埋め込まれている鉄筋は腐食しにくい．
④ コンクリートと鉄筋の付着強度は比較的大きい．

さらに，プレストレストコンクリートでは，鉄筋の代わりに PC 鋼材を用い，引張側のコンクリートに働く引張力をなくす，あるいは制限するものである．

本書では，鉄筋コンクリートの詳細については記述しないが，コンクリートが鉄筋コンクリートあるいはプレストレストコンクリートとして用いられることを念頭において記述してある部分が多い．

1.6　コンクリートの用途および施工

　コンクリートは，あらゆる種類の土木・建築構造物の材料として用いられる．以下にその利用方法を例示する．
　1）　**土木構造物**　土木構造物にコンクリートは主要材料として用いられる．
- 橋梁下部工・上部工：道路・鉄道橋梁の橋脚・橋塔，桁・スラブ，基礎・フーチングなど
- 舗装：道路舗装，空港の滑走路・駐機場の舗装など
- トンネル・地下構造物：道路・鉄道用トンネル，駅舎など
- 水路・護岸・ダム：水路・河川護岸，貯水・水利・電力用のダムなど
- 下水道・汚水処理施設
- 港湾構造物：岸壁・防波堤・消波提など
- 擁壁・法面保護材料
- タンク・容器

　2）　**建築構造物**　鉄筋コンクリート造，鉄骨鉄筋コンクリート造建築物の柱・梁・床版・耐力壁などの構造部材に用いられる．
　3）　**コンクリート製品**　コンクリートは現場で製造・打設されるものの他，一定の形状寸法のコンクリート製品の製造にも用いられる．コンクリート製品には以下のものがある．
- コンクリートポール・パイル
- コンクリート軌道スラブ・まくら木
- コンクリート管
- 鉄筋コンクリート（プレストレストコンクリート）桁など

◆演習問題◆

1．一般的な建設材料に要求される性質として，不適切なものはどれか．
　①現場で使用するため，施工が容易である．
　②強度が十分であれば，耐久性は要求されない．

③ 大量に使用するため，安価である．
④ 景観を配慮するため，色彩も考慮する．

【解　答】　②
【解　説】　①③④ 適切である．
②建設物の寿命は，数十年～数百年と長い．したがって，各々の環境に対して耐久性が高いことも望まれる．すなわち，不適切である．

2．コンクリートを構造部材として用いる場合，鉄筋コンクリートとして用いるほうが都合のよい理由として，不適切なものはどれか．
　① コンクリートと鉄筋の温度に対する膨張係数がほぼ等しい．
　② コンクリート中に埋め込まれた鉄筋は腐食しにくい．
　③ コンクリートと鉄筋の付着強度はきわめて高い．
　④ 引張に強いコンクリートと圧縮に強い鉄筋が一体化している．

【解　答】　④
【解　説】　①コンクリートの平均熱膨張係数は $10 \times 10^{-6}/°C$ であり，鉄筋の熱膨張係数は $12 \times 10^{-6}/°C$ である．したがって，適切である．
②コンクリート内部はアルカリ性を呈する．アルカリ溶液中の鉄筋は，腐食が抑制される．したがって，適切である．
③コンクリートと鉄筋の付着力は高い．その結果，鉄筋とコンクリートが一体化して，外力に耐える．したがって，適切である．
④コンクリートは圧縮に強く，鉄筋は引張に強い．したがって，不適切である．

3．北極や南極などの0°C以下のところで，氷そのものを建設材料として用いる場合の利点と欠点を述べよ．

【解答例】
　氷は，容易に入手でき，かつ安価である．また，0°C以下のところでは固体であるため，建設材料として使用できそうである．事実エスキモーは氷でドーム状の家を建設し生活している．これらの点が利点である．
　一方，氷は引張に比較的弱く，脆性的である．また，クリープも多く，梁に用いるとたわみが非常に増大し橋などには使用できない．これらの点が，欠点である．

2. コンクリートの構造

本章では，コンクリート構造物の構成材料として所要の性能を求められる硬化コンクリートの構造について述べる．さらにこの構造により，強度，剛性，体積安定性や耐久性などの性能が発揮されるメカニズムについても概説する．

2.1 コンクリートの3つの相

前述したように，コンクリートは固形物を結合材で固めたものである．一般の建設材料としてのコンクリートの場合，結合材はセメントペースト（cement paste）である場合が多く，これをセメントマトリックス（cement matrix）と呼ぶことが多い．また，固形物は骨材（aggregate）である場合が多く，さらに一般化して，分散粒子あるいは inclusion と呼ぶ．

従来は，この2つの相（骨材とセメントペースト）のみが考えられていたが，2相の境界の相が非常に重要であることが認められ，近年では，コンクリートはこの境界相（interfacial transition zone）も含め3相材料として考えられるようになっている．

さらに，3相のいずれにも空隙が存在し，この空隙の構造（大きさ，形状，分布など）もコンクリート（特に硬化コンクリート）の性能に大きく影響する．

2.2 セメントマトリックス相（セメントペースト相）

コンクリートのセメントマトリックス相の主たる構成物は，セメント水和物である．建設材料の構成相として必要な性能は，これ自体の強度，体積安定性，耐久性（能）などであるが，他の相（境界相および骨材相）との結合性

(付着性) も重要である.

これらの性能に, セメント水和物内部の結合力および空隙の存在はきわめて重要である. 多くの場合, 結合力は強度などの性能を向上させ, 空隙は欠陥として作用し, 性能を低下させる.

セメント水和物の結合力は, 内部の水和物相互に作用するファンデルワールス力 (van der Waals force) に起因する. これは, セメント水和物の相互の結合は, 金属結合, 共有結合やイオン結合の一次結合ではないため, 金属やセラミックスほどは強度がないことを意味する.

ファンデルワールス力は物質間の距離が小さいほど, 面積が小さいほど大きくなるので, 水和物の比表面積が大きいほど大きくなる. また, 強度は水和物の結合力に加えて, 欠陥である内部の空隙の影響を受ける.

さらに, 耐久性はコンクリート内部と外部間の物質移動 (炭酸ガスや塩化物イオンなどの移動) に関係するが, この物質移動にも内部の空隙およびその構造は大きく影響する.

セメント水和物の種類については, 「セメント」の項 (3章3.1節) でより詳細に説明するが, 主として,

① ケイ酸カルシウム水和物 (calcium silicate hydrate：C-S-H), ② 水酸化カルシウム (calcium hydroxide：$Ca(OH)_2$, C-H), ③ エトリンガイト (ettringite：Aft 相), ④ モノサルフェート (mono-sulfate：Afm 相), の4つである.

ノート 根本的な物質間を結びつける力は原子間力である. これらの力は, 強い一次的な結合力と弱い二次的な結合力に分類できる. 一次的な結合力には, イオン結合 (ionic bond), 共有結合 (covalent bond), および金属結合 (metallic bond) がある. 二次的な結合力をまとめてファンデルワールス力という. これには, 分子分極 (molecular polarization), 分散効果 (dispersion effect), および水素架橋 (hydrogen bridge) がある.

2.3 骨 材 相

骨材相は, コンクリートの性質 (性能) の中でも特に単位容積質量, 弾性係

2.3 骨材相

数および体積安定性に大きく関係する．このため通常は，骨材の寸法，形状，密度，強度，弾性係数，吸水率などの物理的性質（性能）のほうが，化学的・鉱物学的性質（性能）より重要である．なお，この条件として骨材が化学的・鉱物学的に安定であるという大前提がある．

骨材は，通常コンクリート容積の 65～85% を占めており，上記の事項の他に，コンクリートのコストに与える影響も大きい．

通常の骨材は，天然の岩石が原石となっており，これらの岩石の圧縮強度は表 2.1 に示す例からも明らかなように通常のコンクリート内のセメントペースト強度（20～60 MPa）より大きい．したがって，通常ではコンクリートの強度が骨材強度に影響されることはまずない．

表 2.1 岩石の圧縮強度の例[1]

岩石の種類	圧縮強度（N/mm²）
安山岩	80～380
硬質砂岩	90～320
石灰石	45～90

しかしながら，コンクリートに高強度や軽量化が要求される場合，あるいは，低強度の骨材（火山堆積物，サンゴ骨材，再生骨材など）が用いられる場合には，骨材の強度がセメントペーストの強度より小さいこともある．この場合，コンクリートに高強度が要求されるのであればそれに適合する骨材，逆に，低強度の骨材を用いざるをえないのであればそれに見合った性能を有するコンクリートとすることが重要となる．

骨材の耐久性（能）に関しては，乾湿繰返し，凍結融解作用などの物理的作用および酸，アルカリなどの化学作用による劣化を考慮する．各作用および環境に対して所要の耐久性（能）を有するコンクリートとなる骨材が要求される．例えば，海中コンクリートでは凍結融解作用に対する耐久性（能）は必要ないが，Na^+ の浸入が考えられるため，アルカリ骨材反応に対する耐久性（能）が要求される．なお，凍結融解作用およびアルカリ骨材反応については 9 章を参照されたい．

21 世紀のわが国では，天然の岩石を良質な骨材としてそのまま利用できることは稀有のこととなる．そのため，産業副産物，再生骨材さらにはいままで

使用しなかった低品質骨材を大量に用いることとなる．

2.4 境　界　相

10数年前までは，境界相の存在は無視されていて，コンクリートは2相材料として扱われていた．しかし，この相は後述する種々の理由で近年非常に重要視されている．

この相は，マクロ的には，セメントペースト相と骨材相の間にあり，両相とは異なった性質を持った相である．また，この相は，ミクロ的には，遷移帯と骨材周辺の空隙（あるいは水隙）よりなる．マクロ的には2つを合わせて遷移帯ということもある．申し訳ないことに，これらの定義は確立していない．本書では，マクロ的には境界相，ミクロ的には遷移帯と空隙に分けて考える立場をとる．

骨材周辺の拡大写真を図2.1と図2.2に示す．図2.1では骨材下面にブリーディング（bleeding：材料分離により水が上昇する現象）により生じた幅50～100 μm程度の空隙が認められる．図2.2では，骨材とペースト間の多孔質な部分を示しており，これを遷移帯と称し，一般には水酸化カルシウムに富む部分とされている．

骨材下面に空隙があると，強度，水密性および耐久性は大きく低下する．また，遷移帯にも大きな影響を及ぼす．

通常，遷移帯の厚さは10～50 μm程度であるが，すべての骨材（細骨材を

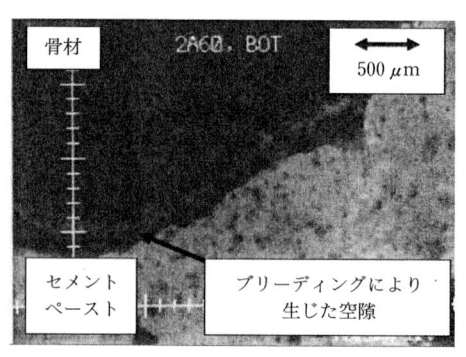

図2.1　骨材周辺の拡大写真
（ブリーディングにより生じた骨材下面の空隙：マイクロスコープによる観察）

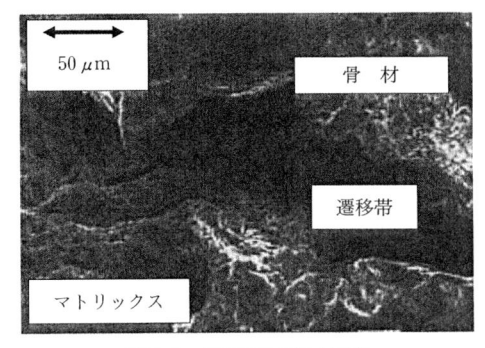

図2.2 骨材周辺の拡大写真
(骨材とペースト間の多孔質な部分：SEMによる観察)

含む)の周囲にあるとすると，ペーストの1/3程度を占める．空隙があると境界相全体の割合はさらに増える．

この相への要求性能は，ペースト相，骨材相の性能をできるだけ下回らないことである．

ノート　マクロとミクロの大きさは何を中心に考えているかによってその大きさの概念は大きく異なる．「宇宙のミクロ構造」は相当大きいであろうし，「量子的なマクロ構造」は相当小さいであろう．また，同じコンクリートを対象としてもダムコンクリートでは，骨材もミクロな存在であろうし，セメント水和物を考えれば骨材はマクロな存在である．

2.5 空隙構造

コンクリート中の空隙構造は，強度や耐久性に影響を及ぼす．特に，硬化セメントペースト中および境界相中の空隙の影響が大きい．2相中の空隙を統括的に図2.3に示す．

これら空隙を大きなものから順にまとめると，

① 骨材下面の空隙（境界相）：厚さ $50\sim1000\,\mu m$，長さ数 mm～数 cm の空隙である．強度，耐久性上から有害である．

② エントラップトエアー (entrapped air, 硬化セメントペースト相)：$100\,\mu m \sim 3\,mm$ 程度の不規則な形をした空隙である．これも強度，耐久性上から

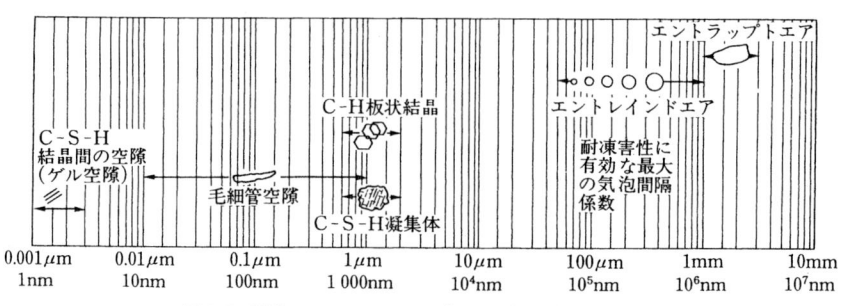

図2.3 硬化セメントペースト中および境界相中の空隙[3]

有害である．

③エントレインドエアー（entrained air，硬化セメントペースト相）：50～200μm程度の独立した球形の空隙で，後述するAE剤（3.4.3項の「混和剤」参照）によって生成したものである．耐凍害性上およびある程度のワーカビリティーを確保する上で必要である．ただし，強度上からは不利である．

④毛細管空隙（硬化セメントペースト相および境界相）：0.01～1μm程度の大きさで硬化以前は，練混ぜ水が占めていた空間で，セメントの水和後も水和物で占められなかった空隙である．強度，耐久性上や体積変化などに関連して最も重要である．

⑤ゲル空隙（硬化セメントペースト相および境界相）：これも④同様に水和物で占められなかった空隙であるが，1～3nmの小さな空隙である．強度や耐久性上の悪影響はほとんどないが，乾燥収縮に対して影響を及ぼす可能性がある．

ノート　空隙（気孔）の種類は，大きく分けて連続空隙（気孔）と独立空隙（気孔）がある．連続空隙であれば，水分や空気の出入りは容易であるが，独立空隙であると，困難である．

2.6　3つの相とコンクリートの性能

前節までに，3つの相および空隙について，各々の性能，分布などを概説した．これらの性能，分布がコンクリートの性能にどのように影響するかを述べ

る．

　強度への影響：コンクリートの強度はセメントペースト相が弱ければ，その強度に近くなる．境界相がセメントペースト相に比較して弱ければ，境界相よりひび割れが発生する．また，骨材が弱ければ，骨材強度の影響を受ける．つまり，強度は非常に多くの因子の影響を受けるので，1つの相の強度で定まらず，最も弱い相の影響を受ける．

　耐久性への影響：耐久性には種々の劣化に対するものがあり，一概にはいえないが，大まかにいえば，一番弱い相に影響される．凍害に関しては，骨材下面に欠陥があればその部分から，あるいはセメントペースト相が弱ければその部分から劣化が始まる．

　単位容積質量：これは，3つの相の相加平均となる．

　弾性係数：これも，3つの相の相加平均的なものになる．

　色彩：表層部のセメントペーストの影響が最も大きい．

　以上のようにコンクリートの性能は，各々一番弱いもの，平均的なもの，あるいはその他のものに影響を受ける．

◆演習問題◆

1. コンクリートを構成する3つの相の特徴として，適切なものはどれか．
    ① コンクリートは，セメントマトリックス相，骨材相および境界相からなる．これらのうち，特にセメントマトリックス相および骨材相が，コンクリートの強度に影響を及ぼす．
    ② セメントマトリックス相とは，セメント水和物である．セメント水和物の結合力は，内部の水和物相互に作用するファンデルワールス力による．
    ③ 骨材相は，物理的および化学的に，きわめて安定である．したがって，骨材相が，コンクリートの劣化を誘発することはない．
    ④ 境界相は，きわめて密実である．したがって，境界相がコンクリートの強度や耐久性の弱点となることはない．

【解　答】　②
【解　説】　① 3つの相とも，コンクリートの性質に影響を及ぼす．したがって，不適切である．

② 適切である．
③ 骨材相は，常に物理的あるいは化学的に安定しているとはいえない．例えば，凍結融解作用などの物理的作用，あるいはアルカリ骨材反応などの化学的作用を受ける場合には，骨材相が劣化を誘発する．したがって，不適切である．
④ 境界相は，遷移帯と空隙により構成され，きわめて疎である．その結果，境界相がコンクリートの強度や耐久性の弱点となることが多い．したがって，不適切である．

2．コンクリート中の空隙構造として，不適切なものはどれか．
　① セメントマトリックス相中に存在するエントラップトエアーは，$100\,\mu m$〜$3\,mm$程度の不規則な形をした空隙である．強度や耐久性の面から，有害である．
　② セメントマトリックス相中に存在するエントレインドエアーは，50〜$200\,\mu m$程度の独立した球形の空隙である．耐凍害性の面から，必要である．
　③ 毛細管空隙は，硬化以前において練混ぜ水が占めていた空間であり，硬化後も水和物で占められなかった空隙である．
　④ ゲル空隙は，数 mm の大きな空隙であり，乾燥収縮に対して影響を及ぼす．

【解　答】　④
【解　説】　①〜③ 適切である．
　④ ゲル空隙は，1〜$3\,nm$ の小さな空隙である．したがって，不適切である．

3．ファンデルワールス力の説明として，適切なものはどれか．
　① 結晶内を自由に移動できる自由電子が，金属イオンを結びつける役割をしている．この自由電子がすべての原子に共有されてできる結合を，ファンデルワールス結合と呼ぶ．
　② 価電子を持つ原子がそれぞれ電子を出し合って，その電子を共有して生じる結合をファンデルワールス結合と呼ぶ．
　③ 分子間に働く弱い引力を，ファンデルワールス力という．分子間の距離が短いほど，ファンデルワールス力は大きくなる．
　④ 正の電荷を持つ陽イオンと，負の電荷を持つ陰イオンが，イオン間に作用するクーロン引力によって結合することを，ファンデルワールス結合と呼ぶ．

【解　答】　③
【解　説】　① 金属結合である．したがって，不適切である．

② 共有結合である．したがって，不適切である．
③ 適切である．
④ イオン結合である．したがって，不適切である．

4．以下の条件の場合，コンクリートの単位容積質量はいくらか．適切なものを選べ．
　　全コンクリートに占めるセメントマトリックス相の体積割合：17％
　　全コンクリートに占める骨材相の体積割合：75％
　　全コンクリートに占める境界相の体積割合：8％
　　セメントマトリックス相の密度：2.4 g/cm³
　　骨材相の密度：2.6 g/cm³
　　境界相は質量を無視できる．
　　① 1.95 kg/l　　② 2.24 kg/l　　③ 2.36 kg/l　　④ 2.55 kg/l

【解　答】　③
【解　説】　1lのコンクリート中のセメントマトリックス相の質量は，次式で求まる．
　　　$1 \times 0.17 \times 2.4 = 0.408$
したがって，0.408 kg である．
1lのコンクリート中の骨材相の質量は，次式で求まる．
　　　$1 \times 0.75 \times 2.6 = 1.95$
したがって，1.95 kg である．
よって，コンクリートの単位容積質量は，次式で求まる．
　　　$(0.408 + 1.95)/1 = 2.358$
したがって，2.36 kg/l である．

5．硬化コンクリートの性能（性質）のうち，構成材料の性能（性質）の平均値的なものと関連するもの，および最も劣るものと関連するものを1つずつあげて，各々説明せよ．

【解答例】
　平均値的なものと関連するもの：単位容積質量
　硬化コンクリートの単位容積質量は，構成材料の密度と量に関連する．例えば，骨材相（密度＝2.7 g/cm³，容積割合＝70％），セメントマトリックス相（密度＝2.2 g/cm³，容積割合＝20％）および境界相（容積割合＝10％）の場合，コンクリートの

単位容積質量は，次式に示すとおり $2.3\,\mathrm{kg}/l$ となる．

$$2.7\times0.7+2.2\times0.2=2.3\,\mathrm{kg}/l$$

最も劣るものと関連するもの：圧縮強度

　コンクリートの圧縮強度は，構成材料のうち，最も強度が低いものに関連する．例えば，セメントペースト相あるいは骨材相の強度が最も低ければ，その強度とコンクリートの圧縮強度は同等となる．また，境界相の強度が最も低ければ，境界相よりひび割れが発生し，コンクリートの圧縮強度を支配する．なお，上記の傾向は，圧縮強度のみならず，引張強度，曲げ強度においても同様である．

3. コンクリートの構成材料

1.3節でも述べたように広義には,コンクリートは固形物 (inclusion or aggregate) と結合材 (matrix or binder) よりなるものであればよいのであるが,本書では,固形物として骨材を,結合材としてセメントペーストを用いるセメントコンクリートを狭義にコンクリートとする.

このコンクリートの構成材料は,セメント,水,骨材,混和材料である.

以下,これら構成材料についての要求性能や種類を述べ,さらに特に注意すべき事項を述べる.

3.1 セメント

3.1.1 要求性能

セメントに求められる要求性能 (required performance) は,厳密にいうと,経済性以外はセメント(粉体)自体にではなく,主としてセメントペーストあるいはセメントモルタルに求められる要求性能である.さらに,セメントペーストあるいはセメントモルタルに求められる要求性能は,コンクリートへの要求性能によって定まる.

セメントに関する要求性能をセメント(粉体)自体に要求される性能,硬化したセメントペースト(セメントペースト硬化体ともいう)に関して要求される性能およびフレッシュ時のセメントペーストに要求される性能の3つに分けて述べる.

なお,以下に述べるもの以外に環境に対する影響という観点から,可能なかぎりCO_2発生量などの環境に悪影響を及ぼす物質を発生しないことも要求されている.

a. セメント(粉体)自体に求められる性能

これらの性能には，取扱いがしやすいこと（適度なかさ密度であること），通常の環境条件で安定なことなどが求められる．また，安いこと（経済性）は非常に重要である．

ノート　粒体と粉体：厳密ではないが，$50\,\mu m$より大きな粒を粒体，小さなものを粉体と呼ぶ（10, 30 あるいは $100\,\mu m$ で分けることもある）．学問的には，重力による影響をより受けるものを粒体，付着力による影響をより受けるものを粉体と区別する．

---

b. 硬化したセメントペーストに求められる性能

これらの性能には，強度，体積安定性，耐久性（能）などがある．

①圧縮強度および引張強度：一般に圧縮強度は定量的に，引張強度は定性的に要求される．引張強度が定性的に要求されるのは，ひび割れの発生を最小限に抑えたいという定性的な要求からきている．将来，設計方法が進歩すれば，引張強度も定量的な要求性能となることも考えられる．

②付着強度：骨材や鉄筋との一体性を保つために必要である．普通強度($20\sim30\,MPa$) のコンクリートでは，圧縮破壊の50%程度までの一体性を保つことが望まれる．また，この場合，破壊時までに骨材周辺に多くのひび割れが発生し付着は消失する．

③体積安定性：乾燥による収縮が少ないこと，載荷状態でのひずみの増加（クリープ）が少ないことなどが要求される．

④耐久性（能）：耐凍結融解抵抗性，塩化物イオン浸入に対する抵抗性や種々の化学抵抗性に優れることが要求される．

⑤質量：所定の質量があることが求められる．

c. フレッシュ時のセメントペーストに求められる性能

これらの性能には施工性能，強度発現性や材料分離抵抗性がある．

①施工性能：施工中には，種々の作業が容易にできる適切な軟らかさを持ち，なおかつ材料が分離しない性能が求められる．これらの性能は，コンクリートのワーカビリティーに対応する．

②強度発現性：施工後は速やかに硬化し，要求される強度などを発現する性能が望まれる．

③ 材料分離抵抗性：フレッシュ時のコンクリート（あるいはモルタル）を材料分離しにくくする性能が望まれる．

これらの性能は互いに相反することもある．すなわち，通常は軟らかく施工性能がよければ，材料分離抵抗性は低下する．この両者の性能をどちらもなんとか要求範囲に収めようとするところに工学的な努力がある．

3.1.2 セメントの製造

a．原料と燃料

① 原材料：ポルトランドセメント1tを製造する原単位は，およそ石灰石1080 kg，粘土220 kg，けい石60 kg，鉄原料など30 kg，さらにセッコウ35 kgである．

② 燃料（例）：およそ石炭103 kg，重油1 l，電力95 kWhである．

b．工程

① 原料工程：この工程で原料を乾燥し，粉砕し，均一に混合する．

② 焼成工程：この工程で半溶融するような高温（1450℃前後）で焼成し，急冷してクリンカとする（ここで，急冷が重要であって，徐冷すると反応性がなくなる）．わが国のセメント製造は，従来の「安く大量に」から，最近は省エネルギーとCO_2発生量を少なくすることも目標としている．

③ 仕上げ工程：この工程では反応がきわめて速いC_3Aの水和によるフレッシュコンクリート打込み直後のこわばりを防止するため，クリンカにセッコウを3～4%加えて微粉砕し，ポルトランドセメントとする．

c．混合セメントの工程

クリンカとセッコウに混合材を加え混合粉砕する方式の工程と，混合材を別途粉砕しポルトランドセメント（クリンカとセッコウを微粉砕したもの）に混合する方式の工程の2つがある．

混合材としては，高炉スラグ微粉末やフライアッシュなどがある．

d．CO_2発生量

近年，わが国のセメント1tを製造する際に発生するCO_2は，約743 kgとされる[1]．この値は，全く産業廃棄物を使用しないと約826 kgともされている．CO_2発生量の低減には，混合セメントや混和材を使用することが有効である．

ノート セメントの起源：
9000年前（BC 7000）イスタフ（イスラエル）石灰石を焼いたもの
5000年前（BC 3000）甘粛省大地湾（中国）料彊石(りょうきょう)（石灰岩の一種）を陶器と焼いてたまたまできたもの．ビーライトセメントに似ている（余談ではあるが，筆者は現地視察を行った）
2500年前（BC 500）ローマ　石灰石を焼いたもの
AD 1824年 Joseph Aspdin（英国）によるポルトランドセメントの発明

3.1.3　化学成分・組成化合物

セメントの性能は，組成化合物に大きく影響される．組成化合物は化学成分によってほぼ定まる．以下に，セメントの化学成分と組成化合物を示す．なお，この他，強度発現性などは粉末度で代表される粒度分布にも影響される．

1） 化学成分　酸化カルシウム（CaO），二酸化ケイ素（SiO_2），酸化アルミニウム，（Al_2O_3），酸化第二鉄（Fe_2O_3）が主要化学成分で，互いに結合してクリンカの組成化合物を構成する．

代表的なセメントの最近の化学分析試験結果を表3.1に示す．

2） 性能に悪影響を与える要注意化学成分

①酸化マグネシウム（MgO）：過多の場合，硬化したセメントペーストが膨張し安定性が損なわれるおそれがある．

②三酸化イオウ（SO_3）：主としてセッコウに含まれており，セメントの種類や粉末度によって適度な含有量がある．この適量より過少だと硬化したセメントペーストの異常凝結，過多では膨張などの悪影響が出る．

③強熱減量（ig.loss）：セメントを$950\pm50°C$で熱したときの質量減少量で，新鮮度の目安となる．セメントの風化が進むとこの値が大きくなる．

3） 主要組成化合物　クリンカの主要化合物は，ケイ酸三カルシウム（略号C_3S：略号についてはノート参照），ケイ酸二カルシウム（C_2S），アルミン酸三カルシウム（C_3A），鉄アルミン酸四カルシウム（C_4AF）で，その特性を表3.2に示す．化学成分の量を調整することにより，これらの主要組成化合物の比率を変えることができ，各種のポルトランドセメントが製造される（図3.1）．主要組成化合物の量的関係（質量％）は化学分析結果によるセメント中

3.1 セメント

表 3.1 代表的なセメントの最近の化学分析試験結果（JIS R 5210 引用）[2]

セメントの種類		Ig.loss	insol.	化 学 成 分 (%)											
				SiO_2	Al_2O_3	Fe_2O_3	CaO	MgO	SO_3	Na_2O	K_2O	TiO_2	P_2O_5	MnO	Cl
ポルトランドセメント	普通	1.78	0.17	21.06	5.15	2.80	64.17	1.46	2.02	0.28	0.42	0.26	0.17	0.08	0.006
	早強	1.18	0.10	20.43	4.83	2.68	65.24	1.31	2.95	0.22	0.38	0.25	0.16	0.07	0.005
	中庸熱	0.37	0.13	22.97	3.87	4.07	64.10	1.33	2.03	0.23	0.41	0.17	0.06	0.02	0.002
	低熱	0.97	0.05	26.29	2.66	2.55	63.54	0.92	2.32	0.13	0.35	0.14	0.09	0.06	0.003
高炉セメント	B種	1.51	0.21	25.29	8.46	1.92	55.81	3.02	2.04	0.25	0.39	0.43	0.12	0.17	0.005
フライアッシュセメント	B種	1.91	13.37	18.76	4.48	2.56	55.28	0.82	1.84	0.11	0.30	0.23	0.12	0.05	0.003

表 3.2 セメントクリンカの組成化合物とその特性[3]

名 称	分 子 式	略号	特 性			
			水和反応速度	強 度	水和熱	収縮	化学抵抗性
ケイ酸三カルシウム	$3CaO \cdot SiO_2$	C_3S	比較的速い	28 日以内の早期強度	中	中	中
ケイ酸二カルシウム	$2CaO \cdot SiO_2$	C_2S	遅い	28 日以後の長期強度	小	小	大
アルミン酸三カルシウム	$3CaO \cdot Al_2O_3$	C_3A	非常に速い	1 日以内の早期強度	大	大	小
鉄アルミン酸四カルシウム	$4CaO \cdot Al_2O_3 \cdot Fe_2O_3$	C_4AF	かなり速い	強度にほとんど寄与しない	小	小	中

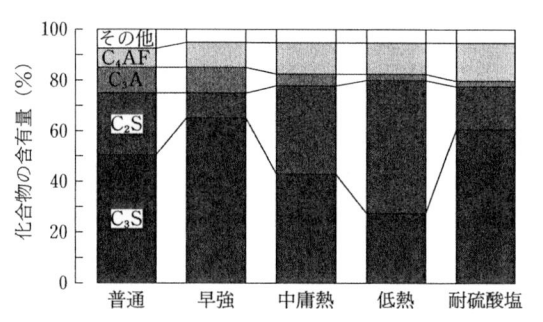

図3.1 ポルトランドセメントの組成化合物（%）の一例[2]

の化学成分の含有率（%）より，次のBogueの式で算出される．なお，この式は厳密というわけではないが，一般に用いられている．

$C_3S = (4.07 \times CaO) - (7.60 \times SiO_2) - (6.72 \times Al_2O_3) - (1.43 \times Fe_2O_3) - (2.85 \times SO_3)$

$C_2S = 2.87(SiO_2) - 0.754(C_3S)$

$C_3A = 2.65(Al_2O_3) - 1.69(Fe_2O_3)$

$C_4AF = 3.04(Fe_2O_3)$

ノート　セメント化学での略号
C：CaO，S：SiO_2，A：Al_2O_3，F：Fe_2O_3，H：H_2O
C_3S：$3CaO \cdot SiO_2$，C_2S：$2CaO \cdot SiO_2$，C_3A：$3CaO \cdot Al_2O_3$，C_4AF：$4CaO \cdot Al_2O_3 \cdot Fe_2O_3$

3.1.4　セメントの水和反応と硬化体

　セメント中の組成化合物は，水と混合させると硬化体が形成され，ひいては硬化コンクリートが形成される．水と反応して水和物を生成する（図3.2）．これを水和反応といい，水和反応はセメントの細かさ（粒度および粒度分布などで表される），水量，温度などの影響を受ける．

1）　水和反応と硬化体の形成　ポルトランドセメントの水和反応を模式的に図3.3に示す．

　すなわち，注水直後にC_3Aの溶出によりエトリンガイトを生成するが，数分後に反応が停滞する．その後，C_3Sが活発に水和反応を起こし，数時間後に

| クリンカー化合物 | | 水 | 水和生成物 |

$3CaO\cdot SiO_2$ (エーライト)
$2CaO\cdot SiO_2$ (ビーライト)
$+$ H_2O $=$ $nCaO\cdot SiO_2\cdot mH_2O$ (けい酸カルシウム水和物) 〔$n\fallingdotseq 1.2\sim 2.0$〕
$+$
$Ca(OH)_2$ (水酸化カルシウム)

$3CaO\cdot Al_2O_3$ (アルミネート相)
$+$ $3[CaSO_4\cdot 2H_2O]$ (せっこう) $+$ H_2O $=$ $3CaO\cdot Al_2O_3\cdot 3CaSO_4\cdot 32H_2O$ (エトリンガイト)
$3CaO\cdot Al_2O_3\cdot CaSO_4\cdot 12H_2O$ (モノサルフェート水和物)
$3CaO\cdot Al_2O_3\cdot 6H_2O$ (アルミン酸カルシウム水和物)

$3CaO\cdot Al_2O_3\cdot 3CaSO_4\cdot 32H_2O$ (エトリンガイト)
$+$

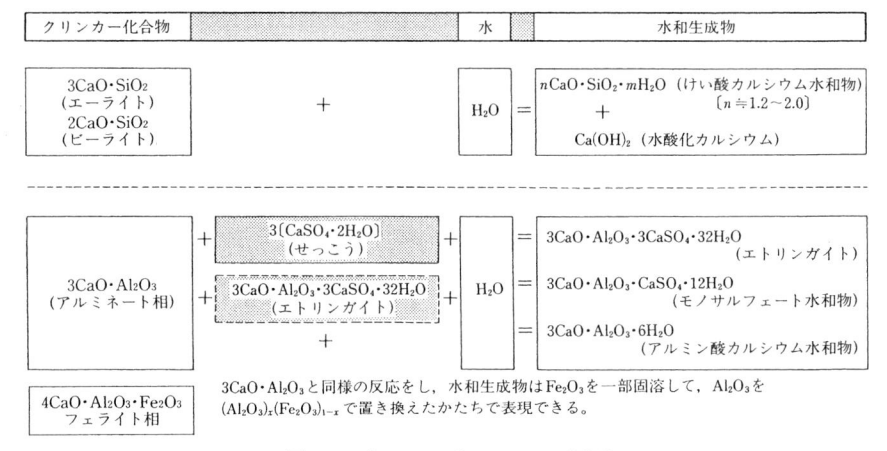

$4CaO\cdot Al_2O_3\cdot Fe_2O_3$ フェライト相
$3CaO\cdot Al_2O_3$ と同様の反応をし,水和生成物は Fe_2O_3 を一部固溶して,Al_2O_3 を $(Al_2O_3)_x(Fe_2O_3)_{1-x}$ で置き換えたかたちで表現できる.

図3.2 ポルトランドセメントの水和[2]

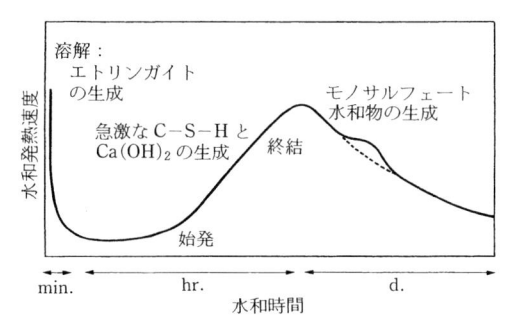

図3.3 ポルトランドセメントの模式的な水和過程[4]

反応は緩やかなものになる.凝結は一般に C_3S の水和反応が活発になったときに始まり,水和物が増えるに従い強固な硬化体を生成する.

2) セッコウの作用 C_3A の初期水和速度は著しく大きいが,セッコウ(SO_3 源)を添加すると,C_3A 表面に水和を抑制する皮膜ができ,セメントの水和速度を施工などに支障のないよう制御できる.

なお近年,石炭火力発電により副産物として大量のセッコウ(1000万 t/年に達する)が発生するため,セッコウをできるだけ使用したいとの意見もある.

ノート セッコウは,無水セッコウ($CaSO_4$),半水セッコウ($CaSO_4\cdot 1/2\,H_2O$),

および二水セッコウ（$CaSO_4 \cdot 2H_2O$）に分類できる．通常セメントに混和されるのは二水セッコウであるが，近年半水セッコウが高性能な減水剤と相性がいいといわれている．

3）水和物　常温常圧下で生成する主なものは，水酸化カルシウム（$Ca(OH)_2$）と，ケイ酸カルシウム化合物であり通常[C-S-H]と表記するものの2つである．その他に，水和初期にエトリンガイトが生成するが，その後モノサルフェートに転移する．いずれもセメント硬化体の性能に及ぼすプラスの影響は少ない．

なお，高温高圧下（オートクレーブ養生など）ではトベルモライトと呼ばれる別の水和物ができる．

① 水酸化カルシウム（$Ca(OH)_2$）：六角針状結晶である．硬化体をアルカリ性とする．水溶性でC-S-Hに比較すると溶けやすい．また，高炉スラグ微粉末の水和反応の刺激剤となる．

② ケイ酸カルシウム化合物（C-S-H）：無定形で水酸化カルシウムに比較して比表面積が100〜1000倍大きいため，強度への寄与が大きい．また，化学的安定性にも優れている．

ノート　エトリンガイトは，通常は水和初期に生成する針状結晶である．これが後に平板状のモノサルフェートに転移する．これだけなら問題ないのであるが，数年あるいは数十年後に外部からの硫酸イオンの浸入などがあると再びエトリンガイトの針状結晶となり，硬化体が膨張し，破壊することになる．これを，硫酸塩反応という．

4）硬化体の構成　未水和セメント，水和物，空隙および種々の空隙中にあるゲル水や毛管水より構成される．

5）完全水和に必要な水量　これは，セメント量の約40％であり，25％程度がセメントと化学的に結合し，15％程度がゲル水として水和物に吸着されているとされる．

3.1.5　セメントの種類

ここでは，まずセメントの種類を示し，次に各々の特徴ある性能（特性）を述べる．

3.1 セメント

a. セメントの種類と規格

1) ポルトランドセメント 普通・早強・超早強・中庸熱・低熱・耐硫酸塩の6種類の各ポルトランドセメントと，それぞれの低アルカリ形の合計12種類がJISに制定されている．低アルカリ形は，コンクリートのアルカリ骨材反応抵抗性能を高めるために1986年に制定された．これらの規格を表3.3に示す．

2) 混合セメント 高炉・シリカ・フライアッシュの各セメント3種類がJISで制定されており，それぞれの混合材の分量によってA種・B種・C種の3種類がある（表3.3）．

なお，A種・B種・C種での混合材の割合は各々の混合材で異なる．

3) 特殊セメント 白色ポルトランドセメント，アルミナセメント，超速硬セメント，グラウト用セメント，油井セメント，低発熱セメント，セメント系固化材などがある．

b. 各種セメントの特性と用途

1) ポルトランドセメント

①普通ポルトランドセメント：最も一般的に使用されるセメントである．わが国では，全セメント量の70％弱に使用されている．

②早強ポルトランドセメント：早期に強度（3日で普通ポルトランドセメントの7日強度に相当）が得られる（図3.4に各種セメントの圧縮強さ発現性状を示す）．プレストレストコンクリート，寒中コンクリート，工場製品などに用いられる．

早期強度を高くするため，普通ポルトランドセメントに比較して，C_3S が多く，かつ粉末度が大きい．

③超早強ポルトランドセメント：早強ポルトランドセメントより，さらに C_3S 量を増やし，粉末度を大きくしてある．これによって，早強ポルトランドセメントの3日強度を1日で発現する（すなわち，普通ポルトランドセメントの7日強度を1日で発現する）．緊急工事，寒中工事，グラウト用などに使用される．

④中庸熱ポルトランドセメント：水和熱を下げるために C_3S と C_3A を減らし，C_2S を増やしてあり，ダムなどのマスコンクリートに使用される．初期の強度発現は遅いが，長期にわたって強度を発現する．

3. コンクリートの構成材料

表3.3 各種セメントのJIS規格[5]

番号	JIS R 5210-1997 ポルトランドセメント						JIS R 5211-1997 高炉セメント			JIS R 5212-1997 シリカセメント			JIS R 5213-1997 フライアッシュセメント			JIS R 5214-2002 エコセメント	
種別 / 種類	普通	早強	超早強	中庸熱	低熱	耐硫酸塩	A種	B種	C種	A種	B種	C種	A種	B種	C種	普通	速硬
比表面積 (cm²/g)	≧2500	≧3300	≧4000	≧2500	≧2500	≧2500	≧3000	≧3000	≧3300	≧3000	≧3000	≧3000	≧2500	≧2500	≧2500	≧2500	≧3300
凝結 始発 (min)	≧60	≧45	≧45	≧60	≧60	≧60	≧60	≧60	≧60	≧60	≧60	≧60	≧60	≧60	≧60	≧60	—
凝結 終結 (h)	≦10	≦10	≦10	≦10	≦10	≦10	≦10	≦10	≦10	≦10	≦10	≦10	≦10	≦10	≦10	≦10	≦1
安定性 (パット法)	良	良	良	良	良	良	良	良	良	良	良	良	良	良	良	良	良
圧縮強さ 1日 (N/mm²)	—	—	≧20.0	—	—	—	—	—	—	—	—	—	—	—	—	—	≧15.0
圧縮強さ 3日	≧12.5	≧20.0	≧30.0	≧7.5	—	≧10.0	≧12.5	≧10.0	≧7.5	≧12.5	≧10.0	≧7.5	≧12.5	≧10.0	≧7.5	≧12.5	≧22.5
圧縮強さ 7日	≧22.5	≧32.5	≧40.0	≧15.0	≧7.5	≧20.0	≧22.5	≧17.5	≧15.0	≧22.5	≧17.5	≧15.0	≧22.5	≧17.5	≧15.0	≧22.5	≧25.0
圧縮強さ 28日	≧42.5	≧47.5	≧50.0	≧32.5	≧22.5	≧40.0	≧42.5	≧42.5	≧40.0	≧42.5	≧37.5	≧32.5	≧42.5	≧37.5	≧32.5	≧42.5	≧32.5
圧縮強さ 91日	—	—	—	—	≧42.5	—	—	—	—	—	—	—	—	—	—	—	—
水和熱 7日 (J/g)	—	—	—	≦290	≦250	—	—	—	—	—	—	—	—	—	—	—	—
水和熱 28日	—	—	—	≦340	≦290	—	—	—	—	—	—	—	—	—	—	—	—

3.1 セメント

項目														
酸化マグネシウム (%)	≤5.0	≤5.0	≤5.0	≤5.0	≤5.0	≤5.0	≤6.0	≤6.0	≤5.0	≤5.0	≤5.0	≤5.0	≤5.0	≤5.0
三酸化イオウ (%)	≤3.0	≤3.5	≤4.5	≤3.5	≤3.5	≤3.5	≤4.0	≤4.5	≤3.0	≤3.0	≤3.0	≤3.0	≤4.5	≤10.0
強熱減量 (%)	≤3.0	≤3.0	≤3.0	≤3.0	≤3.0	≤3.0	≤3.0	≤3.0	≤3.0	—	—	—	≤3.0	≤3.0
全アルカリ (%)	≤0.75	≤0.75	≤0.75	≤0.75	≤0.75	—	—	—	—	—	—	—	≤0.75	≤0.75
塩化物イオン (%)	≤0.02	≤0.02	≤0.02	≤0.02	≤0.02	—	—	—	—	—	—	—	≤0.1	0.5以上 1.5以下
ケイ酸三カルシウム (%)	—	—	—	≤50	—	—	—	—	—	—	—	—	—	—
ケイ酸二カルシウム (%)	—	—	—	—	≥40	—	—	—	—	—	—	—	—	—
アルミン酸三カルシウム (%)	—	—	—	≤8	≤6	≤4	—	—	—	—	—	—	—	—
混合材の分量 (wt%)	≤5	—	—	—	—	—	5超え 30以下	30超え 60以下	60超え 70以下	5超え 10以下	10超え 20以下	20超え 30以下	10超え 20以下	20超え 30以下

注：低アルカリ形のポルトランドセメントは、これら規格のほかに全アルカリ 0.6 以下の規格が加えられる。なお、全アルカリ (%) は、化学分析の結果から、次の式によって算出し、小数点以下1けたに丸める。

$$Na_2O_{eq} = Na_2O + 0.658\,K_2O$$

ここに、Na_2O_{eq}：ポルトランドセメント中の全アルカリの含有率 (%)
　　　　Na_2O：ポルトランドセメント中の酸化ナトリウムの含有率 (%)
　　　　K_2O：ポルトランドセメント中の酸化カリウムの含有率 (%)

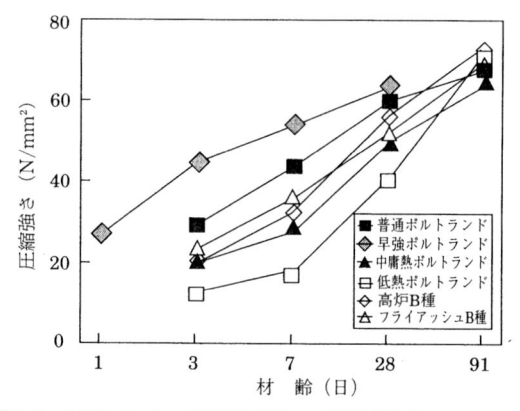

図3.4 各種セメントの圧縮強度強さの発現性状 (JIS R 5201)[2]

⑤ 低熱ポルトランドセメント：1997年に新たに JIS に追加されたポルトランドセメントで，水和熱を下げるために，中庸熱ポルトランドセメントよりもさらに C_2S が多く，含有量を 40% 以上と規定されている．このため，中庸熱ポルトランドセメントよりも水和熱発生量が少なく，マスコンクリート，高強度コンクリート，高流動コンクリートに使用される．中庸熱セメントよりもさらに初期の強度発現は遅いが，長期にわたって強度を発現する．

⑥ 耐硫酸塩ポルトランドセメント：C_3A 量を小さくしてあり，硫酸塩との反応性を小さくしてある．硫酸塩を含む土壌地帯での構造物に適している．

2) 混合セメント

① 高炉セメント：高炉スラグ微粉末を混合したセメントである．溶融した高炉スラグを急冷して粉砕した高炉スラグ微粉末には潜在水硬性があり，$Ca(OH)_2$（ポルトランドセメントの水和反応で生成される）などの刺激によってしだいに硬化体を生成する．初期の強度発現は遅いが，長期にわたって強度発現を行う．

また，大量に混和すると水和熱の発生を少なくすることができ，さらに，化学抵抗性，耐熱性，水密性，アルカリ骨材反応に対する抵抗性能などに優れる．ダム，河川，港湾・海洋工事や近年は一般のコンクリート工事にも使用される．全セメント使用量の 25% 程度の使用量である．

② シリカセメント：純度の高いけい石などの粉末を混合したもので，オートクレーブ養生を用いた製品用コンクリートに使用される．近年，ほとんど生

産されていない．

　③フライアッシュセメント：フライアッシュを混合したものである．石炭火力発電所などにおいて，微粉炭を燃焼したときに発生するフライアッシュは，ポゾラン活性（3.4.1項を参照のこと）を有する人工ポゾランである．

　良質のものは，球形であるためコンクリートのワーカビリティーをよくする．このため，ワーカビリティー一定であれば単位水量を減少させることができ，乾燥収縮の低減および特に長期的な強度を増加させることができる．また，初期の水和熱発生量を低減させることも可能である．このため，ダムなどのマスコンクリートに使用される．

　④エコセメント：都市ゴミ焼却灰などの廃棄物を主原料としたセメントで，2002年に新たにJIS規格が制定されたものである．

3） 特殊セメント

　①白色セメント：ポルトランドセメントの一種で，鉄分を少なくして白色にしている．顔料を入れて着色できる．

　②超速硬セメント：C_3S と $11CaO \cdot 7Al_2O_3 \cdot CaF_2$ が主な組成化合物となるセメントや CaF_2 を成分とするセメントで，2～3時間で10 MPa程度の圧縮強度発現が可能である．各種補修工法に使用される．

　③グラウト用セメント：粒子を細かくした注入工法用のセメントである．地盤や岩盤の崩壊や湧水対策として注入工法に使用するセメントペーストに用いられる．

　④低発熱セメント：大規模なマスコンクリート工事を対象に，水和発熱量をより小さくする目的で，ポルトランドセメントに高炉スラグ微粉末およびフライアッシュをどちらか1つあるいは両方混合した（前者を2成分系，後者を3成分系と称する）セメントである．

c．要求性能と各種セメント

　ここでは，要求性能に応じた各種セメントの選定の考え方を述べる．

1） 硬化速度の調整（コンクリート強度発現性）　脱型を速くしたい場合，さらに数時間後に所要の強度にしたいなどの場合，早強・超早強，さらには超速硬セメントを使用する．逆に，硬化を遅らせたい場合には，セメントではなく混和剤として遅延剤（あるいは超遅延剤）を用いる．

2） 水和熱の抑制（水和熱抑制性能，コンクリートの水和によるひび割れ

制御性能）　強度発現時にコンクリート温度が高くなり，同時になんらかの拘束を受けると，コンクリートの温度が外気温に戻る際に引張応力が発生し，ひび割れが発生しやすい．特に，コンクリートの体積が大きい場合，この影響が顕著になる．このため，セメントの水和熱を抑制する必要が生じる．この目的に合うセメントは，中庸熱，低熱セメント，低発熱セメントであるが，場合によっては混合セメントもこの目的に用いられる．

3）　化学抵抗性の増加　　通常，C-S-H のほうが $Ca(OH)_2$ よりも化学抵抗性に優れるので，混合セメントや C_2S を多くした低熱セメントなどを用いたコンクリートのほうが化学抵抗性が高い．

耐硫酸塩には，C_3A 量を制限した耐硫酸塩セメントが，また，アルカリ骨材反応にはアルカリ量を制限した低アルカリ形セメントの使用が有効である．

4）　色　彩　　美観向上のためカラーコンクリートが用いられることがあるが，この基本は白色ポルトランドセメントの使用で，これに種々の顔料を加えて各種の色を出す．

3.2　水

3.2.1　要求性能

ここでいう水とは，理学的な H_2O ではなく，われわれの周囲にある多少は不純物を含んだ水のことで，コンクリートの練混ぜ水として使用するものである．

この練混ぜ水への要求性能は，フレッシュコンクリートではワーカビリティー，凝結，強度発現などに悪影響を及ぼさないこと，硬化コンクリートでは鋼材を腐食させる物質を有害量含まないことなどがある．

一般に，特別なにおい，味，色，濁りなどがなく飲料に適する水はコンクリート用練混ぜ水として使用できる．

3.2.2　一般的な水

一般に練混ぜ水として，上水道水，河川水，湖沼水，地下水，工業用水などが使用される．このうち，上水道水はそのまま使用できる．上水道水以外の水は，コンクリートの品質に影響しないことを確認するために蒸留水あるいは純

水を基準として試験を行い，これらと対象とする水を用いた試験結果を比較することで対象とする水の使用の可否を判断する．

表3.4は，JIS A 5308（レディーミクストコンクリート）の品質規定を，表3.5は土木学会コンクリート標準示方書の規定を示す．

表3.4 上水道以外の品質規定（JIS A 5308）

項　目	品　質
懸濁物質の量	2 g/l 以下
溶解性蒸発残留物の量	1 g/l 以下
塩化物イオン（Cl⁻）量	200 ppm 以下
セメントの凝結時間の差	始発は30分以内 終結は60分以内
モルタル圧縮強さの比	材齢7日および材齢28日で90％以上

表3.5 上水道以外の水の品質（土木学会 JSCE-B 101-1999）

項　目	品　質
懸濁物質の量	2 g/l 以下
溶解性蒸発残留物の量	1 g/l 以下
塩化物イオン（Cl⁻）量	200 ppm 以下
水素イオン濃度（pH）	5.8〜8.6
モルタル圧縮強さの比	材齢1，7日および材齢28日[1]で90％以上
空気量の増分	±1％

1) 材齢91日における圧縮強度比を確認しておくことが望ましい

3.2.3 塩類やその他の成分を含む水

工場排水によって汚染された河川水や湖沼水などには硫酸塩，ホウ酸塩，炭酸塩や亜鉛，銅，錫，マンガンなどの化合物，あるいはアルカリなどの無機物および糖類，パルプ廃液，腐食物質などの有機物が含まれていることがある．これらの物質が含まれている水（およそ濃度 1000 ppm 以上）を使用すると，コンクリートの凝結，強度発現，ワーカビリティーなどに悪影響を及ぼす可能性がある．各種塩類を含む溶液が，コンクリート（モルタル，ペーストを含む）に及ぼす影響の例を表3.6に示す．

海水は鋼材を腐食させる可能性が高いので鉄筋コンクリート（用心鉄筋を配筋した設計上は無筋のコンクリートも含む）に用いてはならない．なお，無筋

表3.6 練混ぜ水中の各種塩類が凝結・強度・収縮に及ぼす影響[6]

塩の種類＼影響	凝　結	強　度	収　縮
塩化ナトリウム	やや促進性	長期強度を低下	増　大
塩化カルシウム	促進性	初期強度を増大	増　大
塩化アンモニウム	促進性	短期強度を増大	増　大
炭酸ナトリウム	促進性が著しい異常凝結性	長期強度を低下	増　大
硫酸カリウム	少ない	少ない	少ない
硝酸カルシウム	促進性	長期強度を低下	増　大
硝酸鉛	遅延性が著しい	初期強度を低下	少ない
硝酸亜鉛	遅延性が著しい異常凝結性	初期強度の低下が著しい	—
硼　砂	異常凝結の傾向	全体的に低下	やや増大
フミン酸ナトリウム	遅延性が著しい	全体的に低下	やや増大

コンクリートには海水を用いてもよいが，凝結がいくぶん速くなることなどに注意を要する．

3.2.4　レディーミクストコンクリート工場の回収水

レディーミクストコンクリート工場の運搬車やミキサなどの洗い排水から，骨材を除いたものを回収水という．回収水は，セメントから溶出した$Ca(OH)_2$などを含む高アルカリ性の上澄水と，スラッジ固形分（大部分が水和物で一部骨材微粒分）を含むスラッジ水に分けられる．

主として環境対策および経済性の観点から，回収水を練混ぜ水として使用することとなった．

レディーミクストコンクリート工場で回収水を練混ぜ水として使用する場合，JIS A 5308（レディーミクストコンクリート）付属書9の回収水の品質規準（表3.7）に適合したものを使用する．

表3.7 回収水の品質[7]

項　目	品　質
塩化物イオン（Cl^-）量	200 ppm 以下
セメントの凝結時間の差	始発は30分以内，終結は60分以内
モルタルの圧縮強さ比	材齢7日および材齢28日で90%以内

3.3 骨　　材

3.3.1　要求性能

　骨材に対する要求性能（最終的にはコンクリートの要求性能に結びつく）には，物理的な性能，粒度・粒形に関するもの，有害な不純物・塩分の制限，および化学的な性能，などがある．

　しかしながら，セメントや混和剤のような工業製品とは異なり，主な骨材は自然あるいは自然のものを若干加工したものであり，また，安価なものを大量に使用することから，当地産を使用することになる．さらに，骨材は多種多様であり，必ずしも性能の優れているものだけを使用するわけにはいかない．今後，海外などで多少性能が劣るものでも使用する場合が増加することが予想され，低品質の骨材をいかに工学的に工夫して使用するかが技術開発・研究の大きな目標となろう．すなわち，今後は選ぶのでなく，あるものを工夫して使用するという態度がいままで以上に必要となる．

　これらの低品質あるいは未使用の骨材には，火山噴出物（軽石や灰），再生骨材，下水汚泥から作製したもの，など多種多様なものがある．

a．フレッシュコンクリートに応じた要求性能

　フレッシュコンクリートが，要求されるワーカビリティーをもつように骨材には，適切な粒度・粒形が要求される．粒度・粒形は，後述する単位容積質量・実積率，粒度分布・粗粒率・最大寸法などでも表現される．

　また，有害な物質の制限によって，コンクリートの凝結が要求される時間内に正常に発現される．

b．硬化コンクリートに応じた要求性能

　硬化コンクリートが要求される強度や耐久性（能）を有するために，物理的な性能として，強度や密度，弾性係数や熱膨張係数があげられる．耐久性（能）に関しては，化学安定性（特にアルカリ骨材反応に対する抵抗性能）が重要である．

3.3.2　骨材の分類および区分

a．骨材の分類

骨材をその成因により分類すると，次のようになる．

① 天然骨材：川砂，川砂利，海砂，海砂利，山砂，山砂利など（これらの骨材の源である岩石は，わが国では，花崗岩，安山岩，凝灰岩，砂岩，粘板岩，石灰岩などである）

② 人工骨材：砕砂，砕石，人工軽量骨材，産業副産物骨材など

産業副産物骨材は，産業副産物を規格に合わせて，必要に応じて破砕を行い，選別したものである．現状では，「スラグ骨材（粗骨材，細骨材）」，「再生骨材（粗骨材，細骨材）」などがある．さらに，種々のものが研究・開発段階である．

良質な河川骨材の枯渇とともに骨材資源は多様化し，骨材の粒形・粒度・強度だけでなく，海砂に含まれる塩化物の量や山砂に含まれる粘土鉱物，砕砂，砕石に含まれることがある反応性物質などいろいろな問題が生じている．

b．細・粗骨材の区分

厳密には（物理的定義，示方配合上），細骨材は5 mm ふるい（ふるい目の開き 4.76 mm）を通るもの，粗骨材は5 mm ふるいにとどまるものをいう．しかし，実用上（商業上，現場配合上）は，細骨材は10 mm ふるいを全部通り，5 mm ふるいを質量で85％以上通るもの，粗骨材は5 mm ふるいに質量で85％以上とどまるものとしている．

c．骨材と原石と鉱物

あるコンクリートの製造に用いる骨材は，1種類とは限らない．後に述べる粒度調整などで2種の骨材を混合することも多い．1つの骨材は，通常は，花崗岩なら花崗岩，石灰岩なら石灰岩であるが，1種類の原石や原材料とも限らない．さらに，原石の中には，多種多様の鉱物・生物起源微粒子・化学的沈澱物が含まれている．すなわち，骨材には多種多様な，鉱物・生物起源微粒子・化学的沈澱物などが含まれており，決して一様ではない．

3.3.3　骨材の種々の性質（性能）

a．物理的な性質（性能）

1）密　度　　物質の質量を体積で除したものである．

骨材は，程度の差はあるものの内部には空隙が存在し，空隙を骨材の体積に含めるか否かで，密度の値が異なる．コンクリートの配合計算においては，空隙を含む見かけの体積で質量を除した値を用いるのが実際的であり，厳密にはこれを見かけの密度という．これに対し，空隙を除いた骨材実質部分の体積で質量を除した値が真比重であるが，実用上ほとんど使用されない．

また，骨材の質量も後述する含水状態（図3.5）によって，見かけの密度は次の2つに定義される．

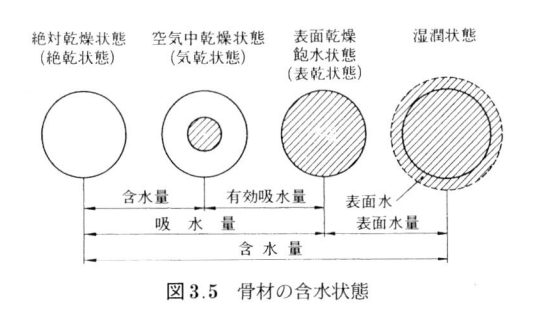

図3.5 骨材の含水状態

① 絶乾密度：骨材の絶対乾燥状態の質量を，骨材の見かけの体積で除した値．

② 表乾密度：骨材の表面乾燥飽水状態の質量を，骨材の見かけの体積で除した値．

2） 含水状態・含水率・吸水率・表面水率

① 含水状態：図3.5は骨材の種々の含水状態を模式的に示したものである．この図において，表面乾燥飽水状態（以後，表乾状態と略記する）を骨材の含水状態の基準とする．この理由は，コンクリート中（特にフレッシュコンクリート中）で，この状態の骨材とセメントペーストとの間に水分の授受がないと考えられるからである．

② 含水率・吸水率：含水量とは，任意の含水状態から絶乾状態までの間に含まれる水量であって，これを絶乾状態の骨材の質量百分率で表したものが含水率である．

吸水量は表乾状態の骨材に含まれる水量であって，これを絶乾状態の骨材の質量百分率で表したものが吸水率である．また，有効吸水量とは気乾状態から

表乾状態までの間に骨材が吸水する量であり，これを絶乾状態の骨材の質量百分率で表したものが有効吸水率である．

③ 表面水率：表面水量とは，任意の含水状態から表乾状態までの間に含まれる水量であり，湿潤状態の場合は＋の値であるが，気乾状態の場合は－の値である．これを表乾状態の骨材の質量百分率で表したものが表面水率である．

なお，配合設計での水量（単位水量）は，表乾状態を基準として計算される．

④ 吸水率と骨材の性質・性能の関係：吸水率と密度，安定性およびすりへり抵抗性などの間には高い相関が認められ，一般には，吸水率が大きいほど密度は小さく（図3.6），安定性試験の損失量やすりへり減量が大きい．これは，間接的に骨材内部の空隙量が，骨材の性質・性能に密接に関係することを示している．

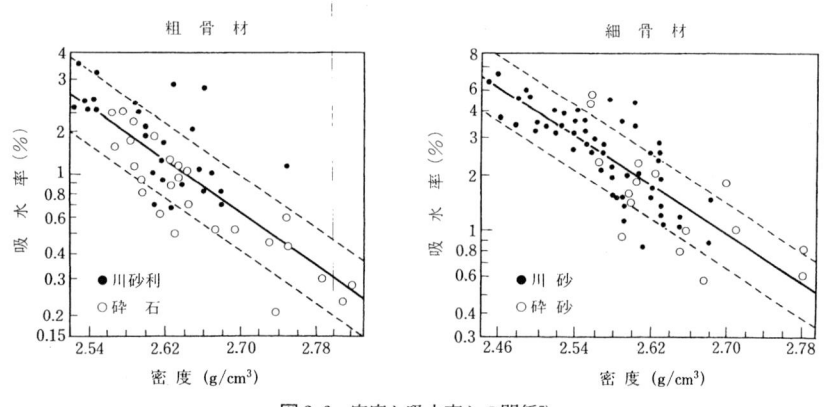

図3.6 密度と吸水率との関係[7]

3） 単位容積質量・実積率

① 定義：単位容積質量は，容器に満たした絶乾状態の骨材の質量を，単位容積あたりに換算したものである（kg/m^3，kg/l）．

実積率は，容器に満たした骨材の全容積をその容器の容積に対する百分率で表したものである．実積率は，骨材を容器に詰めた場合，どの程度密に詰まっているかを表す指標である．通常，最大寸法が大きいほど，単位容積質量も実積率も大きい．また，最大寸法が同一かつ密度が同一の骨材を比較する場合，

単位容積質量の大きなものほど実積率も大きく，粒度が比較的よいといえる．

② 単位容積質量や実積率の利用：ⅰ）粒形の良否の判定，ⅱ）搬入骨材の検収，ⅲ）コンクリートの配合計算（アメリカ式など）に用いる実積率および単位粗骨材容積の決定などに用いられる．

b．粒度・粒形に関するもの

所要のワーカビリティーのコンクリート（当該工事において練混ぜや打設が容易なフレッシュコンクリート）を少ない単位水量で得るには，粒形がよく，かつ粒度のよい（大小粒が適度に混合している）骨材を使用するのが非常に有利である．また，一般に，骨材の最大寸法が大きいほど有利である．

1) 粒　度 粒度は，骨材の大小粒の混合している状態をいう．その評価値として，ふるい分け試験を行い，各ふるいを通るもの，またはとどまるものの質量百分率で表し，粒度曲線あるいは表で表す．

粒度曲線は，横軸にふるいの呼び寸法（対数目盛：ふるいの呼び寸法がほぼ2倍おきとなっているので目盛が等間隔となる），縦軸に各ふるいの骨材試験試料の通過百分率または残留百分率をとって記入し，それらを結んだものである．粒度曲線を土木学会コンクリート標準示方書あるいは JIS A 5005 で定めている粒度の標準範囲（表3.8および表3.9）と比較することによって粒度の適否を判断することができる．ダムコンクリートのような貧配合コンクリートには細かめの細骨材が望ましいので，これの標準範囲は別途定めてある．

粒度曲線の情報をさらに簡素化したのが粗粒率である．簡素化した結果，当然ではあるが，粒度曲線より情報量は少ない．粗粒率は，80，40，20，10，5，2.5，1.2，0.6，0.3，および0.15 mm の一組のふるいを用い，各ふるいにとどまる試料（注：現実には，すべてのふるいを一組まとめてふるうので，当該ふるいより大きなふるいにとどまる試料も考慮する）の質量百分率（整数）の和を求め，これを100で割った値である．表3.10に計算例を示す．この表に示す粗粒率3.01は，この算出方法からも理解できるように，この細骨材の平均的な粒の大きさが下から3番目のふるいの大きさ約0.6 mm に近いことを示している．情報量が粒度曲線より少ないので，粗粒率が同じでも粒度（曲線）は無限にある．要は，粗粒率は粒度（曲線）を完全に表せない．しかし，粒度の均等性の判断やコンクリートの配合設計などに便利に使用される．

ノート ふるい目の微妙な違い：国際的には，ふるい目の大きさは純粋のあきの寸法であるが，わが国では，伝統的にふるいを構成する線材の中心間の距離としている．このため，細骨材のふるい分けでは，ISOによるふるいわけとJISによるものとでは微妙な差が出てくる．実用上はほとんど問題ではないが．

2) 粒形 粒形は，扁平度，表面の凹凸やそれらのバラツキなどを含み，厳密に表すことはきわめて難しい．

このため，実用的には，前述の実積率を粒形判定に用いる．すなわち，JIS A 5005（コンクリート用砕石及び砕砂）では砕石2005（骨材寸法がおよそ20～5 mm のもの）の実積率を55％以上，2.5 mm ふるいを通過して1.2 mm ふるいにとどまる砕砂に対して53％以上と定めている．

表3.8 粒度の標準（土木学会コンクリート標準示方書）[8]

(a) 細骨材の粒度の標準

ふるいの呼び寸法 (mm)	ふるいを通るものの質量百分率	ふるいの呼び寸法 (mm)	ふるいを通るものの質量百分率
10.0	100	0.6	25～65
5.0	90～100	0.3	10～35
2.5	80～100	0.15	2～10
1.2	50～90	—	—

(b) 粗骨材の粒度の標準

粗骨材の大きさ (mm) \ ふるいの呼び寸法 (mm)	60	50	40	30	25	20	15	10	5	2.5
50～5	100	95～100	—	35～70	35～70	—	10～30	—	0～5	—
40～5	—	100	95～100	—	—	35～75	—	10～30	0～5	—
30～5	—	—	100	—	—	40～75	—	10～35	0～10	0～5
25～5	—	—	—	95～100	95～100	—	25～60	—	0～10	0～5
20～5	—	—	—	—	100	90～100	—	20～55	0～10	0～5
15～5	—	—	—	—	—	100	90～100	40～70	0～15	0～5
10～5	—	—	—	—	—	—	100	90～100	0～40	0～10
50～25	100	90～100	35～70	0～15	0～5	—	0～5	—	—	—
40～20	—	100	90～100	20～55	0～15	—	0～5	—	—	—
30～15	—	—	100	—	20～55	0～15	0～10	—	—	—

3.3 骨　　材

表 3.9　粒度 (JIS A 5005 1993)

骨材の粒の大きさによる区分		ふるいを通るものの百分率													
		ふるいの呼び寸法*mm													
		100	80	60	50	40	25	20	15	10	5	2.5	1.2	0.6	0.3	0.15
砕石	5005	—	—	100	95~100	—	35~70	—	10~30	—	0~5	—	—	—	—	—
	4005	—	—	—	100	95~100	—	35~70	—	10~30	0~5	—	—	—	—	—
	2505	—	—	—	—	100	95~100	—	30~70	—	0~10	0~5	—	—	—	—
	2005	—	—	—	—	—	100	90~100	—	20~55	0~10	0~5	—	—	—	—
	1505	—	—	—	—	—	—	100	90~100	40~70	0~15	0~5	—	—	—	—
	8040	100	90~100	45~70	—	0~15	—	0~5	—	—	—	—	—	—	—	—
	6040	—	100	90~100	35~70	0~15	—	0~5	—	—	—	—	—	—	—	—
	5025	—	—	100	90~100	35~70	0~15	—	0~15	0~5	—	—	—	—	—	—
	4020	—	—	—	100	90~100	20~55	—	0~15	—	0~5	—	—	—	—	—
	2515	—	—	—	—	100	95~100	—	0~10	0~10	0~5	—	—	—	—	—
	2015	—	—	—	—	—	100	90~100	—	0~10	0~5	—	—	—	—	—
砕砂		—	—	—	—	—	—	—	—	100	90~100	80~100	50~90	25~65	10~35	2~15

* ふるいの呼び寸法は，それぞれ JIS Z 8801 に規定する網ふるいの呼び寸法 106 mm，75 mm，63 mm，53 mm，37.5 mm，26.5 mm，19 mm，16 mm，9.5 mm，4.75 mm，2.36 mm，1.18 mm，600 μm，150 μm である．

3）寸法（最大寸法と最小寸法）　粗骨材の最大寸法：粗骨材の最大寸法は質量で 90% 以上が通過する最小のふるいの呼び寸法で示す．粒度などが適切な範囲であれば，同一ワーカビリティーの条件で，単位水量，単位セメント量を少なくでき，水和熱や乾燥収縮の面からも利点が多い．最大寸法が大きすぎても支障があるので，土木学会コンクリート標準示方書では，制限を加えている．

粗骨材の最小寸法：プレパックドコンクリート（あらかじめ粗骨材を詰めておき，その後モルタルを注入してコンクリートとするもの）では，粗骨材の寸法が小さすぎると注入モルタルが十分に行きわたらないので，土木学会コンク

表 3.10 粗粒率の計算[9]

ふるい目 (mm)	残留百分率 γ (%) 粗骨材	残留百分率 γ (%) 細骨材 (A)	残留百分率 γ (%) 細骨材 (B)	細骨材 (A) を70%と細骨材 (B) を30%を混合した砂の粗粒率	
*50	0				
40	5				
*30	25				
*25	38				
20	57				
*15	70				
10	82	0	0		
5	97	4	0	4×0.7	
2.5	100	15	0	15×0.7	
1.2	100	37	11	37×0.7	11×0.3
0.6	100	62	28	62×0.7	28×0.3
0.3	100	85	65	85×0.7	65×0.3
0.15	100	98	87	98×0.7	87×0.3
粗粒率 $\Sigma\gamma/100$	7.14	3.01	1.91	$\frac{(301\times 0.7)+(191\times 0.3)}{100}$ $=(3.01\times 0.7)+(1.91\times 0.3)$ $=2.68$	

*印は粗粒率の計算から除く．

リート標準示方書では，最小寸法を 15 mm と規定している．

c． 有害な不純物および塩化物イオンの制限

骨材中に不純物あるいは塩化物イオンが一定量以上あると，コンクリートに種々の不都合を生ずる．

1） 不純物

① 分類：種々の性能への不都合から，i）セメントの水和反応が阻害されるもの，ii）ワーカビリティー，ブリーディング量，凝結時間などフレッシュコンクリートの性状に悪影響を及ぼすもの，iii）耐久性・強度・耐摩耗性など硬化コンクリートの性質に悪影響を及ぼすもの，iv）鉄筋を腐食させるもの，に分類できる．

② 不純物の含有量の限度：土木学会コンクリート標準示方書に規定がある（表 3.11）．

③ 有機不純物：有機不純物（フミン酸やタンニン酸）などの量が多いと，$Ca(OH)_2$ と化合して，セメントの水和を妨げるため，強度（短期および長期）を低下させる．

3.3 骨　　材

表3.11　骨材の品質および不純物と許容量の標準[10]

	絶乾密度 (g/cm³)	吸水率 (%)	安定性損失質量 (%)
細骨材	2.5以上	3.5以下	10以下
粗骨材	2.5以上	3.0以下	12以下

不純物	骨　材	許容量（%）
粘土塊	細骨材	1.0[1]
	粗骨材	0.25[1]
微粒分量試験で 失われるもの	細骨材	コンクリートの表面がすりへり作用を受ける場合　3.0[2] その他の場合　5.0[2]
	粗骨材	1.0[3]
石炭, 亜炭等で密度1.95 g/cm³の液体に浮くもの	細骨材, 粗 骨材共通	コンクリートの外観が重要な場合　0.5[4] その他の場合　1.0[4]
塩化物(塩化物イオン量)	細骨材	0.04[5]

1) 試料は，JIS A 1103による骨材の微粒分量試験を行った後にふるいに残存したものを用いる．
2) 砕砂およびスラブ細骨材の場合で，微粒分量試験で失われるものが石粉であり，粘土，シルト等を含まないときは，最大値をおのおの5%および7%にしてよい．
3) 砕石の場合で，微粒分量試験で失われるものが砕石粉であるときは，最大値を1.5%にしてもよい．また，高炉スラグ粗骨材の場合は，最大を5.0%としてよい．
4) スラグ細骨材および高炉スラグ粗骨材には適用しない．
5) 細骨材の絶乾質量に対する百分率であり，NaClに換算した値で示す．

④粘土塊：粘土塊は，コンクリート中に弱点をつくり，強度や耐久性を低下させる．

⑤微粒分：75 μm ふるいを通過する粒子で，泥分（シルト質，粘土，ヘドロなど）と石粉に大別される．

泥分の影響は，ワーカビリティーを一定とする条件下で，i) 単位水量の増加，ii) ブリーディング量の減少，iii) 凝結速度の変化，iv) レイタンス量の増加，などがある．石粉も量が多いと同様な影響があるが，適切な粉末度・量であればワーカビリティーの改善に役立つ場合もある．

⑥石炭・亜炭：コンクリートの強度減少，耐摩耗性の低下，表面部の損傷を生ずる．

⑦軟らかい石片：軟らかい石片は，耐摩耗性を減ずるので，床版や表面の硬さが特に要求される場合に問題となる．

2）塩化物の制限　塩化物の混入は，コンクリート自体の性能への影響は少ないが，内部にある鋼材を腐食しやすくする．コンクリート中の塩化物イ

オン量（Cl⁻量）は総量で $0.3\,\text{kg/m}^3$ と規制されている．なお，実際に内部の鋼材が腐食する塩化物イオン量は，かなり幅があるが，$1.2\,\text{kg/m}^3$ という値がよく用いられる．また，塩化物の混入は，セメントの初期水和を促進する．しかし，長期強度は同程度以下といわれている．

d．化学的な性能

近年，骨材資源の多様化が進むとともに，骨材中の有害鉱物によるものとされるポップアウト（表層部分が飛び出すように剝離する現象）やひび割れなどの現象が現れるようになった．使用実績の少ない骨材では有害鉱物による化学的な安定性に留意する必要がある．

1) アルカリ骨材反応に対する抵抗性能　オパール，微小石英，火山ガラスなどの不安定なシリカ鉱物を多く含む安山岩，石英安山岩，流紋岩および凝灰岩などとセメント中のアルカリとが反応してアルカリシリカ反応を起こす．アルカリ骨材反応には他にもアルカリ炭酸塩反応があるが，わが国ではアルカリシリカ反応を指す．

上記の岩石を含む骨材について，それが「無害」か「無害でない」かを判定する必要がある．この判定には，JIS A 5308 付属書7と8に試験法があるので，これらの試験法によって判定する．「無害でない」と判定された場合，適切な対策を講じる．

2) その他の不安定な骨材　骨材中に化学的あるいは物理的に不安定な

表3.12　骨材の種類と注意を要する不純物[11]

	川砂・砂利	山・陸砂・砂利	海砂・砂利	砕石・砂	人工軽骨・スラグ
有機不純物	◎	◎	△	—	—
塩　分	—	—	◎	—	△
泥　土	◎	◎	○	△	—
粘土塊	○	◎	—	—	—
石　粉	—	—	—	◎	—
貝　殻	—	△	○	—	—
雲母片	△	△	△	—	—
硫鉄鋼	△	—	—	—	—
硫黄・硫酸物	△	△	△	—	○
軽量異物	△	○	—	—	△
石炭・亜炭	△	○	—	—	—

◎：悪影響が大きく，特に注意を要するもの
○：存在が予想されるもの
△：まれに存在することがあるもの

鉱物が含まれていると，アルカリ骨材反応以外の原因によってもコンクリートが劣化し，ひび割れ，剥離などの劣化現象が生ずる場合がある．これまでに報告された注意を要する不純物の一部を表3.12に示す．

3.3.4 各種骨材

現在使用されている各種骨材を示す．

a. 砂・砂利

自然作用によって岩石からできた骨材（砂が細骨材，砂利が粗骨材）のことで，川，山，陸（田畑），海などから産出するものである．通常，密度は2.5～2.6 g/cm³程度のものである．

b. 海砂

砂の中で海（従来海であった場所も含む）から採取するものである．一般に同一産地の海砂は粒径がそろっており，砂の中では細かい．貝殻を含むことも多く，この場合は粒形はよくない．また，塩化物を多量に含む場合もある．粒度や塩化物イオン量を調節するため，他の適切な細骨材と混合して使用されることも多い．

c. 砕砂・砕石

岩石をクラッシャーなどで粉砕し，人工的につくった細骨材と粗骨材である．砂・砂利に比較して，角張っており粒形が悪い．このため，ワーカビリティーにやや劣るコンクリートとなる．

d. 軽量骨材

コンクリートの質量の軽減，断熱などの目的で用いる普通の岩石よりも密度の小さい骨材である．軽量骨材には種々のものがあり，JIS A 5002（構造用

表3.13 砕石・砕砂のJIS規格

項 目	砕 石	砕 砂
絶乾密度 (g/m³)	2.5以上	2.5以上
吸水率	3.0%以下	3.0%以下
安定性	12%以下	10%以下
洗い試験で失われる量	1.0%以下	7.0%以下
すりへり減量	40%以下	—
粒形判定実積率	55%以上	53%以上

3. コンクリートの構成材料

表3.14 軽量骨材の種類および区分 (JIS A 5002)

(a) 種類

種類	説明
人工軽量骨材	膨張けつ岩，膨張粘土，膨張スレート，焼成フライアッシュなど
天然軽量骨材	火山れきおよびその加工品
副産軽量骨材	膨張スラグなどの副産軽量骨材およびそれらの加工品

(b) 骨材の絶乾密度による区分

区分	絶乾密度 (kg/l)	
	細骨材	粗骨材
L	1.3 未満	1.0 未満
M	1.3 以上　1.8 未満	1.0 以上　1.5 未満
H	1.8 以上　2.3 未満	1.5 以上　2.0 未満

(c) 骨材の実積率による区分（単位：%）

区分	モルタル中の細骨材の実積率	粗骨材の実積率
A	50.0 以上	60.0 以上
B	45 以上　50.0 未満	50.0 以上　60.0 未満

(d) コンクリートとしての圧縮強度による区分（単位：N/mm²）

区分	圧縮強度
4	40 以上
3	30 以上　40 未満
2	20 以上　30 未満
1	10 以上　20 未満

(e) コンクリートの単位容積質量による区分（単位：kg/l）

区分	単位容積質量
15	1.6 未満
17	1.6 以上　1.8 未満
19	1.8 以上　2.0 未満
21	2.0 以上

表3.15 重量骨材の絶乾密度[12]

骨材	磁鉄鉱	砂鉄	鉄	バライト (重晶石)	銅からみ
密度 (g/cm³)	4.5〜2.5	4〜5	7〜8	4〜4.7	3.6前後

軽量コンクリート骨材）では，材料，絶乾密度，実積率，コンクリートとしての圧縮強度，コンクリートの単位容積質量によって区分を定めている（表

3.13, 表 3.14). なお, わが国では, 主として人工軽量骨材が使用されている.

e. 重量骨材

遮蔽用コンクリートなどに用いられる, 普通の岩石よりも密度の大きい骨材である (表 3.15).

f. スラグ骨材

スラグ骨材とは, 金属精錬などの際に発生するスラグを原材料として人工的につくった骨材である. 産業副産物を利用するという社会的な要請もあり, 近年種々のものが使用され, さらに未利用のものについても研究・開発が進んでいる. 現在, 使用されている高炉スラグ骨材およびフェロニッケルスラグ骨材の品質を表 3.16 に示す.

表 3.16 スラグ骨材の品質[13]

品　　質		高炉スラグ骨材			フェロニッケルスラグ骨材
		高炉スラグ粗骨材		高炉スラグ細骨材	フェロニッケルスラグ細骨材
		A	B		
化学成分	酸化カルシウム (CaO として) ％	45.0 以下	45.0 以下	45.0 以下	15.0 以下
	全硫黄として (S として) ％	2.0 以下	2.0 以下	2.0 以下	0.5 以下
	三酸化硫黄 (SO_3 として) ％	0.5 以下	0.5 以下	0.5 以下	0.5 以下
	全鉄 (FeO として) ％	3.0 以下	3.0 以下	3.0 以下	13.0 以下
	酸化マグネシウム (MgO として) ％	—	—	—	40.0 以下
	金属鉄 (Fe として) ％	—	—	—	1.0 以下
絶乾密度	g/cm³	2.2 以上	2.4 以上	2.5 以上	2.7 以上
吸水率	％	6.0 以下	4.0 以下	3.5 以下	3.0 以下
単位容積質量	kg/l	1.25 以上	1.35 以上	1.45 以上	1.50 以上
洗い試験で失われるものの量	％	—	—	—	7.0 以下
水中浸漬		亀裂, 分解, 泥状化, 粉化などの現象がないこと		—	—
紫外線 (360.0 nm) 照射		発光しないか, または一様な紫色に輝いていること		—	—
アルカリシリカ反応性		—		—	無害

1) 高炉スラグ粗骨材（BFGと略記する）　溶鉱炉（高炉）で銑鉄と同時に生成する溶融スラグを徐冷し，粒度調整したものである．高炉スラグ砕石とも呼ばれ，砂利，砕石と同様に普通骨材とみなして使用することができる．

2) 高炉スラグ細骨材（BFSと略記する）　溶融スラグを水，空気などで急冷し，粒度調整したものである．すなわち，水で急冷した水砕スラグと，空気で急冷した風砕スラグがある．JIS A 5011はこれらを対象としたものである．暑い時期に固結する可能性があるので保管に注意を要する．

3) フェロニッケルスラグ細骨材（FNSと略記する）　炉でフェロニッケルと同時に生成する溶融スラグを水，空気などによって急冷あるいは徐冷し，粒度調整したものである．表3.17および表3.18に品質および化学成分を示す．密度が，川砂と比較してやや大きいという特徴がある．このため，これを用いたコンクリートの単位容積質量もやや大きくなる．これは，消波ブロックなどには有利である（気中重量の差はわずかでも水中重量では大きな差になる）．

表3.17　コンクリート用フェロニッケルスラグ細骨材の品質[14]

分類	絶乾密度 (g/cm³)	吸水率 (%)	単位容積質量 (kg/l)
細骨材	2.7以上	3.0以下	1.50以上

表3.18　コンクリート用フェロニッケルスラグ細骨材の化学成分[14]

項目	規定値
酸化カルシウム（CaOとして）％	15.0以下
全硫黄として（Sとして）％	0.5以下
全鉄（FeOとして）％	13.0以下
酸化マグネシウム（MgOとして）％	40.0以下
金属鉄（Feとして）％	1.0以下

4) 銅スラグ細骨材　銅精錬時に発生し，粒度調整したものである．JIS A 5011-3（コンクリート用スラグ骨材，第3部：銅スラグ骨材）で対象とされている．表3.19，表3.20に品質および化学成分を示す．これも密度が大きいという特徴を有する．

5) その他のスラグ　転炉スラグなど種々のスラグをコンクリート用骨

表3.19 コンクリート用銅スラグ細骨材の品質[14]

分類	絶乾密度 (g/cm³)	吸水率 (%)	単位容積質量 (kg/l)	塩化物量 (NaClとして) (%)
細骨材	3.2以上	2.0以下	1.80以上	0.03以下

表3.20 コンクリート用銅スラグ細骨材の化学成分[14]

項目		規定値
酸化カルシウム（CaOとして）	%	12.0以下
全硫黄として（Sとして）	%	2.0以下
三酸化硫黄（SO₃として）	%	0.5以下
全鉄（FeOとして）	%	70.0以下

材に用いようとする研究・調査は盛んである．高炉スラグの量（約3000万t/年）と比較すると少ないが，1種のスラグが使用できるようになると数100万t/年のものが単なる廃棄物から骨材資源となるのであるから，この研究・調査の意義はきわめて大きい．

ノート なんとか使いたい骨材：フィリピンのピナツボ火山噴火で噴出した軽石，南太平洋のキリパスなどでのサンゴ骨材，ニカラグアの火山起源の空隙の大きな骨材など．

これらは，世界的な規準（ISO，ACI（アメリカコンクリート協会），土木学会などの規準）には当てはまらないが，使わざるをえない．

3.4 混和材料

従来，セメント，水，骨材につぐ第4の使用材料として，前の3つを補いコンクリートの性能を改良する目的で，練混ぜの際にコンクリートに加えられる材料である．しかし，近年，もう1つの目的として，産業副産物として産出するものを環境やエネルギー問題の観点から積極的に用いることもあげられる．この場合には用いることが目的で要求性能をほとんど求められないものもある（要は，害がなければよい）．

混和材料（admixture）のうちで，使用量が比較的多くて，それ自身の容積

がコンクリートの容積に算入されるもの(およそ5%以上)を混和材といい,使用量が非常に少ないためにそれ自身の容積がコンクリートの容積に算入されないもの(およそ1%以下)を混和剤という.

混和材料には次のようなものがある.
① 混和材:高炉スラグ,フライアッシュ,シリカフューム,膨張材
② 混和剤:AE剤,減水剤,AE減水剤,促進剤,遅延剤,急結剤,流動化剤,ガス発生剤,防水剤,防錆剤

なお,市販の混和剤は,上記の混和剤の性能を数種合わせて持つ物が多い.混和剤の規格としてはJIS A 6204-2000(コンクリート用化学混和剤)がある.

3.4.1 要求性能

a. 主として混和材への要求性能

もともとは,混和材を用いたところ,偶然このような性能があったということが多く,この意味では単に「所有する性能」がより正確ともいえる.しかしながら,現状では,これらの性能を積極的に要求している.以下,土木学会コンクリート標準示方書[施工編]に準じて述べる.

① ポゾラン活性が利用できるもの:フライアッシュ,シリカフューム,(一部の)火山灰など.なお,ポゾラン活性とは,その材料自体では水と反応しないが,Ca^{2+}が溶液内にあるとこのイオンと活発な反応を起こし水和物を生成することである.

② 潜在水硬性が利用できるもの:高炉スラグ微粉末.なお,潜在水硬性とは,その材料自体では表面に膜ができるなどして反応がしにくいが,アルカリがあると,セメント同様の水硬性を発揮するものである.なお,実用上では,潜在水硬性とポゾラン活性との区別はつきにくい.

③ 硬化過程においてコンクリートに膨張を生じさせるもの:膨張材

④ その他:着色材,石灰石微粉末などがある.

b. 主として混和剤への要求性能

AE剤は偶然発見されたものであるが,大部分の剤は目的に応じて開発された.

① ワーカビリティー,耐凍害性を改善するもの:AE剤,AE減水剤

② ワーカビリティーを向上させ，所要の単位水量（W/C 一定であれば単位セメント量も）を減少させるもの：減水剤，AE 減水剤

③ 大きな減水効果が得られ，強度を著しく高めることが可能なもの：高性能減水剤，高性能 AE 減水剤

④ 塩化物による鉄筋の腐食を抑制するもの：防錆剤

⑤ その他：流動性の改善，粘性の増大，材料分離抑制，水和熱抑制など

3.4.2 混和材

ここでは，各々の混和材について説明を加える．

a. フライアッシュ

フライアッシュは石炭火力発電所において微粉炭を燃焼する際，溶融した灰分が気中で冷却されたもので，球状のものが多い．集塵器などで採取する．混和材としてのフライアッシュの品質に関しては，JIS A 6201（コンクリート用フライアッシュ）の規定がある．表 3.21 に示すように JIS A 6201 ではフライアッシュの品質を強熱減量，粉末度，フロー値，活性度指数によって 4 種に等級化している．なお，強熱減量として測定されるものの大半は炭素であるが，これは一般に非常に比表面積が大きく，この量が多いと AE 剤などを吸着し，有効な剤が少なくなり空気連行などを妨げる．

フライアッシュを混和材として用いたコンクリートは，十分な湿潤養生を行えば，次のような特長を発揮する．

① 長期（数十年）にわたって強度が増進し，水密性も向上する．

② 化学的な作用や海水の作用に対する抵抗性が高くなる．

③ セメントの一部を代替して使用すると，初期水和熱の発生を低減できる．

④ アルカリ骨材反応に対する抵抗性能も高くなる．

なお，湿潤養生が十分でない場合には，このような特長は全く発揮できない．

普通ポルトランドセメントを用いた場合に要求される湿潤養生日数は 5 日であるのに対して，フライアッシュを用いると 7 日を要求される．実際上，湿潤養生 5 日でさえ遵守されているのか厳しい現状である．まして，7 日となると遵守されているのかなんともいいがたい．

b. シリカフューム

シリカフュームは，ケイ素合金（シリコン，フェロシリコンなど）を電気炉

で製造する際に発生する超微粉末である．排ガス中に浮遊するものを集塵器で採取する．

この主成分は非晶質の SiO_2 で，平均直径 $0.1\,\mu m$，比表面積 $20\,m^2/g$ 程度の球形の超微粒子である．比重は $2.1\sim2.2$ 程度で，灰色である．

シリカフュームを混和材として用いたコンクリートは，十分な湿潤養生を行えば，低水セメント比（20％程度）で高性能AE減水剤と併用することにより，流動性を備えた高強度コンクリート（$120\sim270\,N/mm^2$）となる．これは図3.7に示されるようにシリカフュームがセメント粒子の間に充填されるためといわれている．この効果をマイクロフィラー効果という．

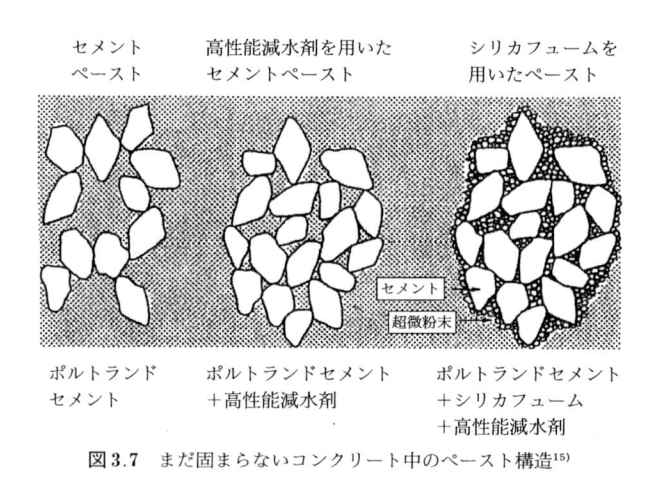

図3.7 まだ固まらないコンクリート中のペースト構造[15]

c．高炉スラグ微粉末

高炉スラグ微粉末は，高炉から排出された溶融状態のスラグを水や空気を大量に吹きつけて急冷して粒状体をつくり，これを微粉砕したものである．急冷すると，スラグはガラス質で不安定（化学反応を起こしやすい）な状態となっている．この微粉末は混和材としてだけでなく，高炉セメントの原料としても用いられる．コンクリート用混和材としての品質は，JIS A 6206（コンクリート用高炉スラグ微粉末）では，その粉末度（比表面積）に応じて，4000，6000，8000の3種類が規定されている．

高炉スラグ微粉末を混和材として用いたコンクリートは，十分な湿潤養生を行えば，次のような特長を発揮する．

3.4 混和材料

表3.21 フライアッシュの品質 (JIS A 6201)

項目		フライアッシュI種	フライアッシュII種	フライアッシュIII種	フライアッシュIV種
二酸化ケイ素	%	45.0以上			
湿分	%	1.0以下			
強熱減量[1]	%	3.0以下	5.0以下	8.0以下	5.0以下
密度	%	1.95以上			
粉末度[2] 45μmふるい残分(網ふるい方法)[3]	%	10以下	40以下	40以下	70以下
比表面積(ブレーン方法)	cm²/g	5000以上	2500以上	2500以上	1500以上
フロー値比	%	105以上	95以上	85以上	75以上
活性度指数%	材齢28日	90以上	80以上	80以上	60以上
	材齢91日	100以上	90以上	90以上	70以上

1) 強熱減量に代えて、未燃炭素含有量の測定をJIS M 8819またはJIS R 1603に規定する方法で行い、その結果に対し強熱減量の規定値を適用してもよい。
2) 粉末度は、網ふるい方法またはブレーン方法による。
3) 粉末度を網ふるい方法による場合は、ブレーン方法による比表面積の試験結果を参考値として併記する。

表3.22 コンクリート用化学混和剤を用いたコンクリートの品質 (JIS A 6204)

品質項目		AE剤	減水剤			AE減水剤			高性能AE減水剤	
			標準型	遅延型	促進型	標準型	遅延型	促進型	標準型	遅延型
減水率(%)		4以上	4以上	4以上	4以上	10以上	10以上	8以上	18以上	18以上
空気量(%)		75以下	100以下	100以下	100以下	70以下	70以下	70以下	60以下	70以下
凝結時間の差(min)	始発	−60〜+60	−60〜+90	−60〜+120	−30〜+60	−60〜+90	−60〜+210	−30〜+60	−30〜+120	−30〜+240
	終結	−60〜+60	−60〜+90	−60〜+210	0以下	−60〜+90	−60〜+210	0以下	−30〜+120	−30〜+240
圧縮強度比(%)	材齢3日	95以上	115以上	110以上	125以上	115以上	110以上	125以上	135以上	125以上
	材齢7日	95以上	110以上	110以上	110以上	110以上	110以上	110以上	125以上	115以上
	材齢28日	90以上	110以上	110以上	120以上	110以上	110以上	120以上	115以上	110以上
長さ変化比(%)		120以下	120以下	120以下	120以下	120以下	120以下	120以下	110以下	110以下
凍結融解に対する抵抗性(相対動弾性係数 %)		80%	—	—	—	80以上	80以上	80以上	80以上	80以上
経時変化量	スランプ(cm)	—	—	—	—	—	—	—	±1.5以内	±1.5以内
	空気量(%)	—	—	—	—	—	—	—	6.0以下	6.0以下

① 潜在水硬性を発揮し，長期（数十年）にわたって強度が増進し，水密性も向上する．

② ポルトランドセメントに対する置換率が40～50%以上（50%以上が望ましい）であれば，化学的な作用や海水の作用に対する抵抗性能が高くなり，アルカリ骨材反応に対する抵抗性能も高くなる．

③ ポルトランドセメントに対する置換率が70%以上であれば，初期水和熱の発生を低減できる．

d．膨張材

カルシウム・サルホ・アルミネート（消石灰とセッコウおよびボーキサイトを調合焼成したもの），および石灰系の膨張材がある．

前者は，セメントおよび水と練り混ぜた場合に水和反応によってエトリンガイト（$3CaO・Al_2O_3・3CaSO_4・32H_2O$）あるいは水酸化カルシウム（$Ca(OH)_2$）の結晶を生成して，コンクリートあるいはモルタルを膨張させる作用を有する混和材である．

コンクリート用膨張材としての品質は，JIS A 6202（コンクリート用膨張材）に定められている．膨張材の水和速度は，有効な膨張が得られるように，コンクリートの凝結終了後から水和が開始して，常温において3～7日で終了するように調節されている．

膨張材を適切に用いたコンクリートは次のような特長を発揮する．

① 膨張材を比較的少量用いた場合，コンクリートの乾燥収縮を補償し，ひび割れの低減が計れる．

② 膨張材を比較的多量に用いた場合，コンクリートに生ずる膨張力を鉄筋などで拘束することで，コンクリートに圧縮応力を与えてケミカルプレストレスを導入できる．

3.4.3 混和剤

性能での分類とやや異なるが，JIS A 6204（コンクリート用化学混和剤）に属するもの（AE剤，減水剤，AE減水剤，高性能AE減水剤）を主として述べる．表3.22にこれらの性能品質を示す．

a．AE剤

AE剤（air entraining agent）は，主として陰イオン系あるいは非イオン系

の表面活性剤である．

　AE剤は，コンクリート中に多くの独立した微細な空気泡（エントレインドエアー）を一様に連行し，耐凍害性およびワーカビリティーを向上させる．AE剤を用いないコンクリートでも1〜2%の気泡が含まれるが，これはエントラップトエアーと呼ばれ比較的粗大なものが多く，形状も不整である．これに対してAE剤によるエントレインドエアーは球状をした平均数十μmの独立気泡でコンクリート中に均一に分布している（数千億個/m³）．

　AE剤の効果には（悪い効果もある）次のものがある．

　① コンクリート中にエントレインドエアーが適当量（普通コンクリートで4〜7%）存在すると，水の凍結による大きな膨張圧の緩和や水の移動を可能にするため，耐凍害性が増大する．

　② エントレインドエアーは，コンクリート中であたかもベアリングのような作用をするので，ワーカビリティーが改善される．

　③ 圧縮強度は，空気量に比例して低下する．普通のコンクリートの場合，空気量1%の増加に対して5%程度低下する．なお，高強度コンクリートではさらに低下が大きい．

b．減水剤・AE減水剤

　減水剤は，界面活性剤のうち分散作用または湿潤作用が卓越するもので，セメント粒子の分散などによりコンクリートの単位水量を減少させる混和剤である．わが国では，AE剤を添加してAE減水剤として市販されているものが多い．

　減水剤も，陰イオン系（リグニンスルホン酸塩など）と非イオン系の表面活性剤である．

　減水剤とAE減水剤の効果を次に示す．

　① 減水剤は，界面活性作用のうち，セメント粒子に対する分散作用が顕著であり，これによりコンクリートのワーカビリティーが向上し，所要のコンシステンシーおよび強度を得るのに必要な単位水量，あるいは（および）単位セメント量を減少させることができる．

　② AE減水剤は，セメント分散作用と空気連行性を併有する混和剤で，耐凍害性の向上および単位水量（単位セメント量）の減少を可能とする．

　③ 所要のコンシステンシーを得るための単位水量は，剤を用いない普通の

コンクリートに比較して，減水剤の場合 4～6％，AE 減水剤の場合 12～15％程度減少させることができる．

なお，減水剤および AE 減水剤ともに，標準形，遅延形，促進形の 3 形がある．遅延形はコンクリートの凝結を遅延させ，気温の高い場合（わが国では夏期）に用いられる．促進形は，コンクリートの初期強度発現に効果があり，低温時における初期強度の発現や，型枠の脱型を早めるために用いられる．

c．高性能 AE 減水剤

高性能 AE 減水剤は，その主成分によりナフタレン系，メラミン系，ポリカルボン酸系およびアミノスルホン酸系の 4 つがある．最近は，ポリカルボン酸系が多い．

高性能 AE 減水剤は，高い減水性能（18％以上）と優れたスランプ保持性能を有した混和剤である．この剤の分散機構は，静電気的な反発力と立体障害効果で説明されるが，ポリカルボン酸系は後者に属する．これは，剤が立体的にセメント粒子表面に吸着し，長時間にわたりセメントの再凝集を防止すると考えられている．

高性能 AE 減水剤の効果を次に示す．

① 減水率 18％以上かつ優れたスランプ保持性能を有する．
② 高い減水性能を利用することにより，60～100 N/m² の高強度コンクリートが生コンクリート工場で生産可能となった．

なお，高性能 AE 減水剤の塩化物イオン量は非常に少ない．

d．高性能減水剤および流動化剤

高性能減水剤は，ナフタレンスルホン酸塩など（製紙をする際の産業副産物）を主成分としており，静電気的な反発力が大きいため，高い減水率（20％以上）が得られる．なお，スランプ保持性能はよくない．

流動化剤は，空気量が過大に増加しない高性能減水剤を主成分としている．この剤は，あらかじめ練り混ぜられているコンクリートに後から添加して，非常に流動性のよいコンクリート（流動性コンクリート）を打設現場近くで製造する場合に用いる．

e．凝結・硬化時間を調節するもの

1）遅延剤・超遅延剤　遅延剤（retarder）には，リグニンスルホン酸塩などを主成分とした減水作用や空気連行作用を有する減水剤ならびに AE 減

水剤の遅延形，ケイフッ化物を主成分とした遅延作用だけを有する遅延剤，さらに，オキシカルボン酸塩を主成分とする超遅延剤（super-retarder）がある．これらは，暑中コンクリートなどでのコールドジョイントの防止，水槽・サイロなどの連続打込みを必要とする場合などに用いられる．

2） 促進剤　促進剤（accelerator）には，ロダン塩（チオシアン酸塩）や亜硝酸塩を主成分とするものが多く，一般にAE減水剤促進形に併用されている．コンクリートの初期強度発現の促進や早期脱型あるいは初期凍害防止などを目的として用いられる．

3） 急結剤　急結剤（fast-set agent）は，アルミン酸塩，炭酸塩あるいは非晶質カルシウムアルミネートを主成分とするものである．これを用いるとセメントの凝結時間を著しく短縮し，超早強の強度発現が可能となる．止水，補修の他，トンネル（NATM：new austrian tunneling method）や土留壁への吹つけコンクリートなど，瞬結性を要求される場合に用いられる．

f． 材料分離を抑制するもの

これには，水中不分離性コンクリートに用いる水中不分離性混和剤と高流動コンクリートに用いる増粘剤がある．水中不分離性混和剤も増粘剤の一種に分類できる．

1） 水中不分離性混和剤　この剤には，セルロース系と，アクリル系がある．いずれも，分子量が数十万～数百万もある水溶性高分子である．現在は，セルロース系が主流である．

この剤を適切に用いたコンクリートは高い粘稠性を有し，水の洗い作用に対する抵抗性が増大し，水中落下をしても材料分離の非常に少ない水中コンクリートとなる．表3.23にこの剤の性能規定を示す．

2） 増粘剤（分離低減剤）　この剤も，セルロース系とアクリル系がある．高流動コンクリートの分離低減に有効である．

g． 鉄筋腐食を抑制するもの

これには防錆剤がある．防錆剤は，$NaNO_3$を主成分とするものが主流である．この品質（性能）は，JIS A 6205（鉄筋コンクリート用防錆剤）に示してある．

鉄筋コンクリートやプレストレストコンクリート中の鋼材の防錆を目的としている．海砂を用いる場合や塩化物イオンがコンクリート中に拡散するおそれ

表 3.23　水中不分離性混和剤の性質規定（土木学会）

品質項目	種類	標準型	遅延型
ブリーディング率（%）		0.01 以下[1]	0.01 以下[1]
空気量（%）		4.5 以下	4.5 以下
スランプフローの経時低下量（cm）	30 分後	3.0 以下	—
	2 時間後	—	3.0 以下
水中分離度	懸濁物質量（mg/l）	50 以下	50 以下
	pH	12.0 以下	12.0 以下
凝結時間（時間）	始発	5 以上	18 以上
	終結	24 以内	48 以内
水中作製供試体の圧縮強度（kg/cm^2）	材齢 7 日	150 以上	150 以上
	材齢 28 日	250 以上	250 以上
水中気中強度比[2]（%）	材齢 7 日	80 以上	80 以上
	材齢 28 日	80 以上	80 以上

1) この値は，ブリーディング試験結果の最小値であって，実質的にはブリーディングが認められないことを意味する．
2) 気中作製供試体の圧縮強度に対する水中作製供試体の圧縮強度の比率．

のある場合に用いられる．ひび割れが軽微な場合や塩化物イオン濃度がそれほど大きくない場合には有効である．

3.5　その他の材料

その他にも，鋼繊維や炭素繊維を代表とする短繊維などがある．また，セメントコンクリートの範疇ではないが，各種の樹脂も用いられる．

3.6　廃棄物(産業副産物)とコンクリート用材料

コンクリートは，好むと好まざるとにかかわらず，廃棄物（産業副産物）を材料として用いざるをえない立場にある．ある著名な学者は，「コンクリートはゴミ溜めではない」と叫び，筆者も同様のことをいいたいところもあるが，おそらく無駄な抵抗であろう．

なぜか？　2つの理由がある．すなわち，
① セメントを製造する際に，わが国における CO_2 発生量の数割を担ってい

る.

　②年間1億5千万t以上もの製造capacityがあるコンクリートしか廃棄物（産業副産物）を大量に処理するものはない.
の2つである.

　現在，努力目標として4割すなわち8000万tの廃棄物を引き受けようとしている．およその内訳は，

　①セメント原料として，高炉スラグ微粉末（max：約3000万t），フライアッシュ（max：約1000万t），下水汚泥（max：予測不可能）などがある.

　②練混ぜ水として，レディーミクストコンクリート工場の回収水（max：コンクリートの8～10%≒2000万t）がある.

　③骨材として各種スラグ骨材（max：数千万t），再生骨材などがある.

　④混和材料として高炉スラグ微粉末，フライアッシュ，シリカフューム，さらに紙パルプが原料の混和剤などがある.

　以上のように算定してみると，セメントの一部を除いて，ほぼすべてを廃棄物（産業副産物）で賄えそうなのである.

　筆者には，すべてが廃棄物（産業副産物）でつくられるコンクリートというのはやや寂しい気持ちがするが，可能性としてはかなり高い．これには，多くのたゆまぬ研究・開発が必要なことは述べるまでもないが，読者諸賢はいかが考えるであろうか.

◆演習問題◆

1．セメントに関する次の記述のうち，不適切なものはどれか.
　　①セメントの原材料は，石灰石，粘土，けい石および軽石である.
　　②混合セメントの製造方法は，クリンカとセッコウに混合材を加え混合粉砕する方式と，混合材を別途粉砕しポルトランドセメントに混合する方式がある.
　　③セメントの組成化合物および粉末度は，セメント硬化体の性能に影響を及ぼす.
　　④強熱減量は，セメントの風化程度を評価する指標となる.

【解　答】　①
【解　説】　①セメントの原材料は，石灰石，粘土，けい石，鉄原料およびセッコウ

である．したがって，不適切である．
②③④ 適切である．

2．セメントクリンカに関する次の記述のうち，適切なものはどれか．
　① セメントクリンカの主要化合物は，通常ケイ酸三カルシウム（略号 C_3S），アルミン酸三カルシウム（略号 C_3A）および鉄アルミン酸四カルシウム（略号 C_4AF）である．
　② ケイ酸三カルシウムは長期強度に影響を及ぼし，一方ケイ酸二カルシウム（略号 C_2S）は短期強度に影響を及ぼす．
　③ アルミン酸三カルシウムは，乾燥収縮および化学抵抗性に影響を及ぼす．
　④ ケイ酸二カルシウムよりアルミン酸三カルシウムのほうが，水和発熱に影響を及ぼす．

【解　答】　④
【解　説】　① その他に，ケイ酸二カルシウムもある．
　② ケイ酸二カルシウムが長期の強度発現に，ケイ酸三カルシウムが短期の強度発現に影響を及ぼす．
　③ アルミン酸三カルシウムが，乾燥収縮に及ぼす影響は大きいが，化学抵抗性に及ぼす影響は小さい．
　④ 適切である．

3．セメントの水和と硬化体に関する次の記述のうち，適切なものはどれか．
　① 常温常圧下で生成する主な水和物は，水酸化カルシウム（$Ca(OH)_2$）とケイ酸カルシウム化合物（C-S-H）である．
　② 水酸化カルシウムは，無定形であり，強度への寄与が大きく，化学的安定性にも優れている．
　③ ケイ酸カルシウム化合物は，六角針状結晶であり，比表面積が大きく，水溶性である．
　④ 完全水和に必要な水量は，セメント量の25％程度である．

【解　答】　①
【解　説】　① 適切である．
　② ケイ酸カルシウム化合物に関する説明である．
　③ 六角針状結晶で水溶性を有する水和物は，水酸化カルシウムである．

④ セメントとの化学的な結合のために，セメント量の25%程度の水量が必要である．さらに，セメント量の15%程度の水が，ゲル水として水和物に吸着される．したがって，完全水和に必要な水量は，セメント量の約40%である．

4．各種セメントに関する次の記述のうち，不適切なものはどれか．
　① 早強ポルトランドセメントは，普通ポルトランドセメントと比較して，ケイ酸三カルシウムが多くかつ粉末度が大きい．
　② 中庸熱ポルトランドセメントは，ケイ酸三カルシウムとケイ二カルシウムを減らし，アルミン酸三カルシウムを増やす．
　③ 耐硫酸塩ポルトランドセメントは，アルミン酸三カルシウムを減らす．
　④ 高炉セメントおよびフライアッシュセメントは，長期強度を増加させる．

【解　答】　②
【解　説】　①③④ 適切である．
　② ケイ酸三カルシウムとアルミン酸三カルシウムを減らし，ケイ酸二カルシウムを増やす．

5．以下の条件の場合，粗骨材の密度，吸水率およびDの状態の表面水率はいくらか．適切なものを選べ．ただし，A，B，CおよびDは同一の試料であり，水の密度は 1.0 g/cm³ とする．
　　A．乾燥状態の質量：1245.6 g
　　B．水中での質量：796.3 g
　　C．表面乾燥飽水状態の質量：1275.5 g
　　D．Cを測定後，十分吸水させた後の質量：1280.9 g．

	①	②	③	④
密度 (g/cm³)	2.66	1.60	2.66	1.60
吸水率 (%)	2.34	2.34	2.40	2.40
表面水率 (%)	100.42	0.42	0.42	100.42

【解　答】　③
【解　説】　密度は，次式で求まる．
　　　　$W_C \div (W_C - W_B) = 1275.5 \div (1275.5 - 796.3) = 2.66$
したがって，2.66 g/cm³ である．
吸水率は，次式で求まる．

$$(W_C - W_A) \div W_A \times 100 = (1275.5 - 1245.6) \div 1245.6 \times 100 = 2.40$$

したがって，2.4%である．

表面水率は，次式で求まる．

$$(W_D - W_C) \div W_C \times 100 = (1280.9 - 1275.5) \div 1275.5 \times 100 = 0.42$$

したがって，0.42%である．

6. 種々の産業廃棄物あるいは未使用材料がある．それらの中でコンクリートの構成材料として可能性があるものを2つあげ，どのように用いることが可能かを述べよ．

【解答例】

　フライアッシュは，石炭火力発電所で産出される副産物であり，混和材として用いることが可能である．フライアッシュの特徴は，表面が滑らかな球形粒子である．そのため，コンクリートの流動性を増すことができる．また，十分な養生を行えば，ポゾラン活性により，長期材齢における強度および耐久性を増すことができる．

　また高炉スラグ骨材は，製鉄所で副産される高炉スラグを徐冷・結晶質化し，これを破砕・整粒したものであり，骨材として用いることが可能である．特に，高炉スラグ細骨材は，若干潜在水硬性を有するため，コンクリート中でセメントペーストとの結合が良好となる．

4. フレッシュコンクリート

練混ぜ直後から凝結後硬化する以前のしばらくの間，まだ固まらない状態にあるコンクリートをフレッシュコンクリート（fresh concrete）という．

本章では，フレッシュコンクリートへの要求性能を述べ，要求性能を満たすための単位水量空気量などの条件，要求性能であるワーカビリティー，コンシステンシーの測定法，さらには，要求性能を満たさない場合における不具合について述べる．

4.1 要 求 性 能

フレッシュコンクリートには，製造（production），運搬（transportation），施工（construction）などに関連する性能が要求される．よりわかりやすくいえば，練混ぜ（mixing），運搬（transportation），打設（placement），締固め（compaction），表面仕上げ（finishing）などの各工程における作業が効率的に行われること，この段階で材料分離（segregation）などによる不均一が起こらないこと，型枠・鉄筋のまわりに十分に行きわたること，表面仕上げが容易なこと，などが求められる．また，土木学会コンクリート標準示方書[1]では，特に，均質性と後述するワーカビリティーをあげている．

上記のことなどから，フレッシュコンクリートへの要求性能は，

① 運搬，打込み，締固めおよび表面仕上げの各施工段階において，作業が容易に行えること（これを施工性能と総称する）．

② 施工時およびその前後において，均質性が失われたり，品質が変化したりすることが少ないこと．

③ 作業が終了するまでは，所要の軟らかさを保ち，その後は正常な速さで凝結・硬化に至ること．

④ 必要に応じて所定の温度および単位容積質量を有すること．

などである．

フレッシュコンクリートにこのような要求性能を満足させるには，良質な材料を用いること，配（調）合を適切に定めること，計量を正確に行うこと，十分に練り混ぜることが必要である．

フレッシュコンクリートの性能は，ワーカビリティー (workability)，コンシステンシー (consistency)，プラスティシティー (plasticity)，フィニッシャビリティー (finishability)，ポンパビリティー (pumpability) などによって表される．これらの定義は，JIS A 0203（コンクリート用語）によると次のようである．

① ワーカビリティー：材料分離を生ずることなく，運搬，打込み，締固め，仕上げなどの作業が容易にできるコンクリートの性質

② コンシステンシー：フレッシュコンクリート，フレッシュモルタルおよびフレッシュペーストの変形又は流動に対する抵抗性

③ プラスティシティー：容易に型枠につめることができ，型枠を取り去るとゆっくり形を変えるが，くずれたり，材料が分離することのないようなフレッシュコンクリートの性質

④ フィニッシャビリティー：コンクリートの打上がり面を要求された平滑さに仕上げようとする場合，その作業性の難易を示すフレッシュコンクリートの性質

⑤ ポンパビリティー：コンクリートポンプによって，フレッシュコンクリートまたはフレッシュモルタルを圧送するときの圧送の難易性

以下に，これらの性能をさらに詳細に説明するとともに，重要性，要因ならびに評価方法を述べる．

4.2 ワーカビリティーおよびコンシステンシー

この2つは，似ているが本質的に異なるものである．

ワーカビリティーは上記定義のように，「……作業が容易にできる性質」である．すなわち，現場での運搬，打込み，締固め，仕上げなどの作業の容易さを表すものである．これは，現場の作業条件，この条件には対象とする構造

物，使用する機材，要求される施工速度などが関係し，これらの条件によってコンクリートに要求されるワーカビリティーが違ってくるのである．

一方，コンシステンシーは「変形または流動に対する抵抗性」であり，コンクリートに固有の性能と考えられる．これは，測定方法が定まれば数値が出てくるものである．すなわち，現場の条件に左右されないものである．

一例として，非常に流動しにくい固いダム用のコンクリートを考える．これは，「普通の柱に用いるにはワーカビリティーは不適であるが，ダム用としては適している．また，コンシステンシーは，スランプ 0 cm である」ということになる（スランプについては 4.2.2 項で詳述）．

4.2.1 ワーカビリティー

a．ワーカビリティーとは（定義の補足）

ワーカビリティーは，コンクリートの変形および流動に対する抵抗性（コンシステンシー）と材料分離に対する抵抗性とを合わせた作業性能で，フレッシュコンクリートの最も総括的な性質（性能）である．これには，プラスティシティー，フィニッシャビリティー，ポンパビリティーも含まれる．

b．ワーカビリティーの評価

前述したように，ワーカビリティーは，コンクリートの練混ぜから打込み，仕上げまでの一連の作業に関するコンクリートの性能を表すものであり，判定の基準は，構造物（部材）の種類や施工方法によって異なる．このため，ワーカビリティーは「良い」，「悪い」，「作業に適する（適さない）」などという評価となる．

c．ワーカビリティーの影響因子

ワーカビリティーの主な影響因子は，コンクリートの配合，粗骨材最大寸法，骨材の粒度・形状，混和材料の種類・使用量，セメントの粉末度，コンクリート温度などである．

① トレードオフ（trade-off）の関係：単位水量を大きくすることや粗骨材の最大寸法を大きくすることは，流動性は増すが材料分離の傾向が増す．このように，流動性と材料分離抵抗性がトレードオフの関係にあることが多い（これを解決するのが技術である）．

② 化学混和剤やフライアッシュなどの使用や粒形・粒度のよい骨材を使用

すると，流動性と材料分離抵抗性をともによくすることができる．
③練混ぜ不十分で不均質な状態のコンクリートはワーカビリティーが悪い．

ノート　トレードオフ：「目的に向けて，一方を立てれば他方がまずくなるといった，2つの仕方・あり方の間の関係」（岩波国語辞典）である．コンクリートでは，「空気量と強度」，「靱性と強度」，「水和熱と強度」など多数ある．

4.2.2　コンシステンシー

a．コンシステンシーとは（定義の補足）

前述の定義にあるように，コンシステンシーは「変形あるいは流動に対する抵抗性」であるので，定義上は，「コンシステンシーが大きい」とは「流動しにくい」ということである．しかしながら，この逆の意味に用いている技術書もある．この理由は「コンシステンシー≒スランプ」と考えているものと推察される．このため注意が必要である．この誤解を防ぐには「コンシステンシーが良い」と表現すれば「流動しやすい」と適切に理解される．

b．コンシステンシーの影響因子

コンシステンシーに影響を及ぼす因子は，単位水量，細骨材率，骨材の形状・粒度，セメントの粉末度，混和材料の種類および使用量，コンクリートの温度および空気量である．他の条件が同じであれば，ⅰ）単位水量が小さいほど，ⅱ）空気量が少ないほど，ⅲ）細骨材率が大きいほど，ⅳ）セメントの粉末度が高いほど，ⅴ）コンクリートの温度が高いほど，コンシステンシーは大きくなる．

1）単位水量　水は，コンクリートの使用材料中で唯一流動性を有するものであるから，単位水量が増せば，コンシステンシーは減少する（スランプは増加する）．普通コンクリートの場合，単位水量が1.2%増加するとスランプはほぼ1%増加する．

単位水量一定の法則（配合設計で非常に重要）：他の条件（使用材料など）がほぼ同じであれば，水セメント比や単位セメント量が変化しても，単位水量が一定であれば，コンクリートのコンシステンシーは実用上一定とみなせる．これは経験からの法則であるので，厳密なものではない．

2）空気量　AE剤およびAE減水剤によってコンクリート中に連行したエントレインドエアーは，フレッシュコンクリートのワーカビリティーを改

善する．また，材料分離抵抗性も増大する．さらに，後述するが耐久性（能）に関しては，耐凍害性が著しく向上する．

逆に欠点は，強度，単位容積質量，および鉄筋との付着強度が低下するので，これを考慮する必要もある．

空気量は，AE剤の量，骨材の粒度，練混ぜ時間，温度，セメントや混和材の粉末度などの影響を受ける．以下に詳細を述べる．

① セメントおよび混和材の粉末度が高いほど，使用量が多いほど空気量は減少する．

② 細骨材の量が多いほど空気量は増大する．特に，0.15〜0.6 mmの径のものの影響が強い．

③ 練混ぜ時間が過少あるいは過度であると空気量は少ない．一般に練混ぜ時間3〜5分で空気量は最大となる．なお，わが国の場合，練混ぜ時間は過少になりがちである．

④ コンクリート温度が高いほど空気量は少ない．

⑤ 練混ぜ後，放置，運搬，打込み中において空気量は減少する．

⑥ バイブレーターによる締固めでは，空気量は減少するが，主としてエントラップトエアーが減少し，エントレインドエアーはそれほど減少しない．したがって，耐凍害性はほとんど低下しない．また，強度減少は押さえられる．

c．コンシステンシー測定法

コンシステンシーを測定する方法は，① コンクリートに（一定の）外力を与えたときの変形量を測定するもの（スランプ試験，スランプフロー試験），② コンクリートに所定の変形を与えるのに必要な仕事量を求めるもの（Vee-Bee試験，振動台式コンシステンシー試験），③ その他（レオロジー試験：後述する）に分類される．

1) スランプ試験 コンシステンシーの測定方法として最も一般的である．スランプ (slump) は，JIS A 1101（コンクリートのスランプ試験方法）によって求める．すなわち，図4.1に示すように高さ30 cmのスランプコーンにコンクリートを充填した後，スランプコーンを引き上げ，コンクリートが自重で変形した沈下量をcmで表してスランプとする．この試験方法は，スランプが5〜16 cmではコンクリートのコンシステンシーに鋭敏であるが，16 cm以上ではスランプフロー試験を，また，5 cm以下ではVee-Bee試験や振

動台式コンシステンシー試験を用いるほうがよい．

2) スランプフロー試験　高流動コンクリートや水中不分離性コンクリートのコンシステンシーを求める際に用いられる．スランプフロー試験は，スランプ試験においてスランプコーンを引き上げた際にスランプを測る代わりに，拡がり幅を測りこれをスランプフロー（slump flow）とする（図4.2）．

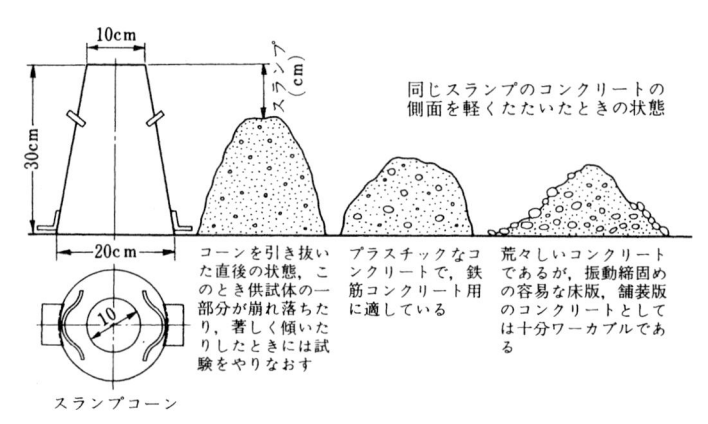

図4.1　スランプ試験[2]

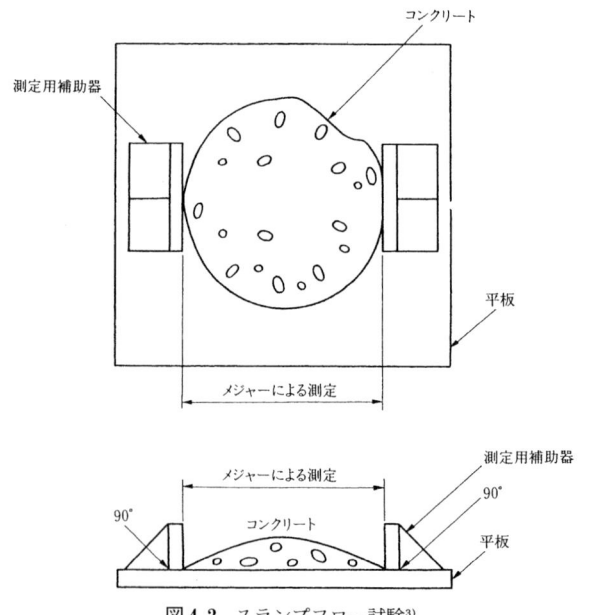

図4.2　スランプフロー試験[3]

3) Vee-Bee 試験（VB 試験）　スランプが 0 あるいは非常に 0 に近い場合には，スランプ試験は不適当である．この場合には，図 4.3 に示す振動台上の円筒形容器中のスランプコーンにコンクリートを充填し，スランプコーンを引き上げた後にコンクリートに振動（振動数：3000～3500 rpm（round per minute），振幅：1～5 mm）を与え，コンクリートが変形して円筒形容器中で落ち着くまでに要した時間（秒）を VB 値として測定するものである．

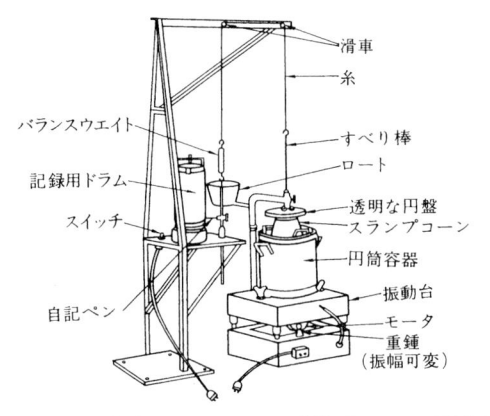

図 4.3　振動台式コンシステンシー試験（Vee-Bee 試験）[4]

4) 舗装用コンクリートの振動台式コンシステンシー試験[5]　上述の VB 試験を舗装コンクリート用に改良したものである（土木学会規準 JSCE-F 501-1999「舗装用コンクリートの振動台式コンシステンシー試験方法」）．これは，コーン（スランプコーンでなく，この試験用のコーン）によって成型された容器内のコンクリートが振動によって変形し，円盤下面の全面に広がるまでの時間を測定するもので，これを秒で表したものを沈下度という．

4.3　材　料　分　離

フレッシュコンクリートは，密度の異なる固体と液体との混合物であるから，運搬，打込み，締固め，仕上げなどの作業中はもちろん，放置（静止）中も各材料が多かれ少なかれ分離（材料分離：segregation）する．すなわち，i）粗骨材が局部的に集中する現象（裏返すとモルタルのみの部分もある），

ii）水分（および軽い微粒成分）が時間とともにコンクリート上面に向かって上昇する現象（ブリーディング：bleeding）がある．前者は主として運搬や打設中に生じ，後者は打設後に生ずる．いずれも，コンクリートの性能に悪影響を及ぼすので材料分離抵抗性の高いコンクリートを製造することと施工に留意する必要がある．材料分離が生ずると，粗骨材の量が多くかつモルタルのきわめて少ない部分が生ずる．この結果，豆板（honeycomb）などの欠陥部ができる．この部分では，強度や水密性は期待できず，鉄筋を保護する性能も非常に低い．

4.3.1　粗骨材の局部的な集中

骨材を分離させようとする力は重力で，これは密度×体積に比例する．一方，分離に抵抗する力は粘性であって，これは骨材の表面積に比例する．すなわち，骨材寸法が大きいほど，体積/表面積が大きくなり重力の影響が大きくなるため，分離させようとする力の比が大きくなり，逆に骨材寸法が小さいほど粘性の比が大きくなり抵抗する力の比が大きくなる．したがって，大きな粗骨材ほど分離しやすくなる．さらに，鉄筋コンクリートでは，骨材寸法に比較して鉄筋間隔やかぶりが小さい場合に，粗骨材は局部的に集中しやすくなる．

4.3.2　ブリーディング

打込み後のコンクリートでは，水は軽い微粒成分を伴って上昇し，逆に骨材やセメント粒子は沈降する．この現象をブリーディングという．

ブリーディングによってコンクリート表面まで上昇した微粒成分は，その後コンクリート表面に薄く沈澱する．これをレイタンス（laitance）という．この影響などを以下に述べる．

①ブリーディングによって，コンクリート上部が多孔質となり，強度，水密性，耐久性（能）が損なわれる．

②ブリーディングの影響は，コンクリート上部のみでなく，内部にも生ずる．すなわち，水平（方向）鉄筋や粗骨材の下側に水膜や空隙を形成し，また，内部に水みちも形成する．この結果，鉄筋とコンクリートとの付着力の低下などの原因となる．さらに，骨材とセメントペースト間の境界部分（境界相）の性能が低下するため，コンクリートの強度自体の低下や水密性の低下の

原因ともなる．

③レイタンスは，強度も付着力もきわめて小さいため，打継ぎに際しては必ず除去する．

④ブリーディングは，単位水量と水セメント比が大きいほど，細骨材の粒度が粗いほど，打込み時の気温が低いほど，1回の打込み高さが大きいほど，多い．

4.3.3 施工方法の影響

材料分離は，施工方法によっても著しく異なる．例えば，長いシュートを用いる場合，密な配筋の場合，打込み高さが大きい場合などでは材料分離を生じやすい．長いシュートを用いる場合には，シュートよりコンクリート排出後にいったん容器に受け止めてから打設するなどの工夫が必要である．

4.3.4 材料分離の測定方法

粗骨材の分離の定量的な判定には，JIS A 1112（まだ固まらないコンクリートの洗い分析試験方法）が用いられる．また，ブリーディングの測定はJIS A 1123（コンクリートのブリーディング試験方法）による．

4.4 凝結・硬化過程

コンクリートを練混ぜ後，セメントの水和反応により，コンクリートは流動性の大きな状態からしだいに固まっていく．このような経時的な物性変化を，凝結・硬化（set and hardening）過程という．

この過程のコンクリートは，セメントの性能，コンクリートの配合，気象条件，施工条件の影響を受ける．また，この間には，ブリーディングや水和発熱による温度上昇などもあり，これらによって初期ひび割れを発生する可能性もある．このようなことのないよう凝結・硬化過程のコンクリートの性能や養生などに十分な配慮が必要である．

コンクリートの凝結とは，フレッシュコンクリートが固まり始めて硬化していく状態，すなわち，セメントの水和反応による粘性の増加，強度や弾性の発現など，一連の性状の時間経過が凝結といえよう．その時間的変化の特徴のあ

る時点を始発あるいは終結とみなすこととしている．JIS A 1147-2001（コンクリートの凝結時間試験方法）では，貫入抵抗値が 3.5 N/mm² になるまでの時間をコンクリートの始発時間，28.0 N/mm² になるまでの時間を終結時間としている．始発および終発は，コンクリートの打継ぎ許容時間，こて仕上げ時期，タンピング時期や脱型時期の設定の目安となる．

以下に，コンクリートの始発，終結および硬化開始の概略を示す．

① 始発：養生温度が 20°C の場合，約 2.5〜3.5 時間がコンクリートの始発となる．

② 終結：養生時間が 20°C の場合，約 5〜6 時間で終結となる．セメントペーストがこわばってくる．このあたりから，強度発現が顕著となる．

終結時あたりでは，セメントの水和も進行しており，この時期以降に新しいコンクリートを打継ぐと一体化しない場合があり，この内継ぎ面（境界面）をコールドジョイントといい，コンクリートの剝落や鉄筋腐食の原因となる．こうならないよう，早い時期に打継ぐか，あるいは遅延剤の使用を事前に計画する．

③ 振動限界（硬化開始）：養生温度が 20°C の場合，約 7〜8 時間でコンクリートを振動させても振動しなくなる．これ以降，強度増進が顕著となるのでこの時点を硬化開始ともいう．

4.5 フレッシュコンクリートでの初期欠陥発生

フレッシュコンクリートで初期に欠陥が発生すると，工事のやり直しとなる場合やそのまま放置する場合がある．放置した場合にはきわめて早期（数年以内）に劣化が進行するという可能性がある．場合によっては，トンネルコンクリートの剝落によって新幹線などの運行に支障が出ることにもなる．

これらの初期欠陥には，初期容積変化によるもの（プラスチック収縮ひび割れ，沈下収縮ひび割れ），温度上昇によるもの，およびコールドジョイントなどがある．

4.5.1 初期容積変化

1) プラスチック収縮ひび割れ　　フレッシュコンクリートの表面から水

が蒸発するなどによって表面から水分が失われると，フレッシュコンクリートに収縮を生ずる．これをプラスチック収縮と呼ぶ．この表面からの水の蒸発速度がブリーディングによる水の供給速度より速いと，仕上げ面（表面）に細かい浅いひび割れを生ずることがある．これをプラスチック収縮ひび割れという．これを防ぐには，過剰な仕上げをしないこと，水分の蒸発を防ぐことなどが有効である．

2） 沈下収縮ひび割れ　ブリーディングによる初期容積変化（沈下）が大きい場合に発生しやすい．この場合，鉄筋があると，鉄筋によって沈下が抑制される．そうなると，隣接するコンクリートとずれが生じやすくなる．このことによって打込み後1～2時間で鉄筋上部に数cmのひび割れが発生することがある．

いずれのひび割れも発生後速やかに再仕上げを行うことにより，ひび割れをなくすことが可能である．

4.5.2　温度上昇（水和熱）

コンクリートはセメントの水和反応により強度が増大していく．水和反応は発熱を伴う．コンクリートの断面寸法が比較的小さな場合には，熱は速やかに外部に拡散するため，コンクリートの温度は外部と大差なく，また，コンクリート内部で同程度である．しかしながら，コンクリートの熱拡散は鋼などに比べて遅く，断面寸法の大きな構造物では内部から熱が逃げにくくなるため，発熱が大きな硬化初期段階（数日間）では，かなりの温度上昇(70～80℃程度まで）が生じる．この温度上昇により，コンクリート全体と外部の岩盤や基礎，あるいはコンクリートの内部と外部などに温度差が生じ，これが原因となってひび割れを生ずることがある．この現象は，ダムや橋台のようなマスなコンクリートで起こりやすい．このひび割れを，水和熱（heat of hydration）による温度ひび割れ（thermal crack）という．なお，温度ひび割れには，水和熱によるものの他に外気温の変化によるものもある．

コンクリートの温度ひび割れは，一般の場合，温度上昇が終わりコンクリートが相当硬化して，温度の下降時に生じる引張応力がコンクリートの引張強度を超えたときに発生する．この問題はダムなどにとって非常に重要で種々の対策，予測方法が開発されている．

対策としては，単位セメント量を減らす，骨材の温度を下げる，コンクリートを水などで冷却する，などがある．

4.5.3 コールドジョイント

すでに打設されたコンクリートの凝結がかなり進んでおり，このコンクリートに対してレイタンスを取り除くなどの表面処理をせずに新たなコンクリートを打設すると，コールドジョイント（cold joint）と呼ばれる一体化していない継目（joint）を生じる可能性がある．この継目は，一般には計画されない状態での打継ぎ（打重ね）で生じるものであるが，計画された打継目においても生ずる可能性がある．

コールドジョイントを防止するためには，打設したコンクリートが始発になる前に次のコンクリートを打ち重ねることが必要である．

トンネルコンクリートなどにコールドジョイントが生じた場合，コンクリートが落下して列車の損傷あるいは人身事故の可能性が生ずるので，発生させないことが強く望まれる．

4.6 レオロジーの基礎

レオロジー（rheology）とは，時間項も含めた材料の性質を扱う力学の総称で非常に幅広い学問領域である．フレッシュコンクリートのレオロジーという場合には，フレッシュ状態のコンクリートの変形特性を物理量（レオロジー定数：降伏値や粘性抵抗）により評価し，さらに，流動解析を行う分野を指す．

レオロジーの立場から，フレッシュコンクリートを評価すると次のような利点がある（現状の技術では十分この利点を活かすところまできていない）．

① フレッシュコンクリート（モルタル，ペーストも含む）の流動性を，試験方法によらない物理量（レオロジー定数）で評価できる．

② 逆にレオロジー定数を用いて，各種施工条件下でのフレッシュコンクリートの挙動が解析可能となる．

レオロジーでは，フレッシュコンクリートを図4.4に示すビンガム体と仮定し，降伏値と塑性粘度を物理量として測定する．ビンガム体とは，物体（この

図 4.4 流動曲線[6]

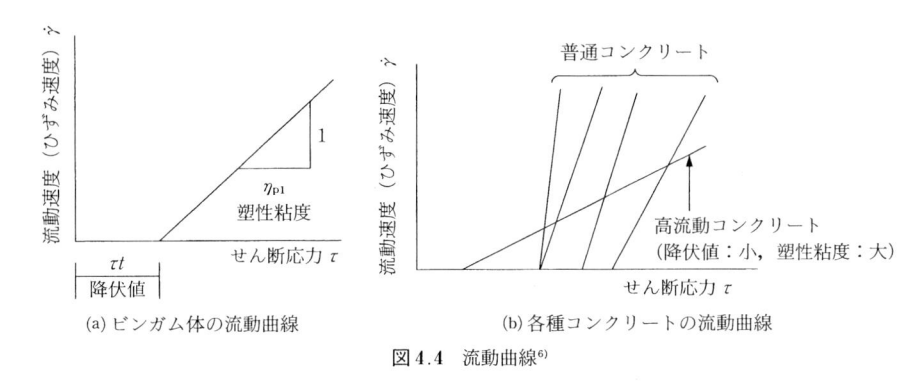

(a) ビンガム体の流動曲線
(b) 各種コンクリートの流動曲線

場合はフレッシュコンクリート）にせん断力を作用させた場合，せん断応力がある値になるまで流動せず，ある値を超えると流動速度とせん断応力が直線関係となる物体である（図 4.4 a）。もちろん，実際のフレッシュコンクリートは完全にはビンガム体ではなく，それに近似できるということである．

①については，現在，二重円筒形回転粘度計などでの測定方法が行われており，研究段階では種々の優れた結果が出ているが，まだ，実用化の段階ではない．②については，種々の試算が行われている段階である．

このように，まだ実用化にはいたっていないが，将来性のある分野である．

一例として，図 4.4 b に示すように，高流動コンクリートや水中不分離性コンクリートは，普通コンクリートと比較して，降伏値が小さく，塑性粘度が大きいため，流動性に優れかつ材料分離が少ない性能であることが説明できる．逆にこのような性能を有するコンクリートとする材料開発も可能となった．

なお，レオロジーは，スランプの比較的大きな（約 12 cm）フレッシュコンクリート，特に，高流動コンクリートや水中不分離性コンクリートへの適用で威力を発揮する．

ノート　レオロジーのようにコンクリートを連続体として解析する方法とは別に，粗骨材程度の単位を個々に解析する個別要素法というアプローチもある．

◆演習問題◆

1. フレッシュコンクリートの性能に関する次の記述のうち，適切なものはどれか．
   ① スランプが 0 cm の非常に固いコンクリートは，常にワーカビリティーが悪い．
   ② 他の条件が同一であれば，ⅰ）単位水量が小さいほど，ⅱ）コンクリートの温度が高いほど，スランプは大きくなる．
   ③ コンシステンシーとは，コンクリートを容易に型枠へ詰めることができるが，型枠を取り去ると崩れてしまう性能のことである．
   ④ コンシステンシーは，スランプ試験によっても評価できる．ただし，コンシステンシーが大きい場合にはVee-Bee試験を，一方，小さい場合にはスランプフロー試験を用いることがよい．

【解　答】　④
【解　説】　① ダム用であれば，コンクリートが固いほど，ワーカビリティーは良いこともある．
　② 単位水量が小さいほど，またコンクリートの温度が高いほど，スランプは小さくなる．
　③ 型枠を取り去った後の変形性状を表すものである．
　④ 適切である．

2. 材料分離に関する次の記述のうち，不適切なものはどれか．
   ① 大きな粗骨材を用いた場合，材料分離が生じやすい．
   ② 粗骨材の量が少なくかつモルタルの量が多い部分に，ジャンカなどの欠陥が生じやすい．
   ③ コンクリート中の微粒成分がブリーディングによって上昇した場合，レイタンスが生じやすい．
   ④ ブリーディングの悪影響は，コンクリート表面のみに及ぶのではなく，例えばコンクリート中に水平配置された鉄筋の下部に粗な部分を形成する点などにも及ぶ．

【解　答】　②
【解　説】　①③④ 適切である．

②粗骨材の量が多くかつモルタルの量が少ない部分に，ジャンカが生じる．

3．初期欠陥に関する次の記述のうち，不適切なものはどれか．
　①プラスチック収縮ひび割れは，フレッシュコンクリートの表面から水が蒸発し，これによってコンクリートが収縮することにより生じる．
　②打込み後1～2時間で鉄筋上部に生じる深さ5cm以内のひび割れは，乾燥収縮によるひび割れの可能性がある．
　③水和熱による温度ひび割れは，マスコンクリートで生じやすい．
　④コールドジョイントは，すでに打設されたコンクリートと新たに打設されたコンクリートが一体化していない打重ね部のことである．

【解　答】　②
【解　説】　①③④適切である．
　②このひび割れは，沈下収縮ひび割れの可能性がある．

4．ポンプによるコンクリートの圧送現場を見学し，その利点と欠点を述べよ．

【解答例】
　ポンプによる圧送は，多量のコンクリートを打込む際に，狭い現場内においても，容易に搬送できる．この点が利点である．ただし，圧送によりスランプが低下した場合，打込み作業性が低下し，さらに打込み不良個所やコールドジョイントが生じる可能性がある．特に軽量骨材コンクリートでは，圧送中に骨材が吸水し，周囲のモルタルの水セメント比が急激に低下しスランプも低下するため，コンクリートの閉塞が起こる可能性が高い．これらの点が，欠点である（ぜひ，実際に見学してほしい）．

5．スランプ試験を実施し，コンシステンシーの試験方法としての利点と欠点を述べよ．

【解答例】
　スランプ試験は，変形に対する抵抗性を評価するにあたり，装置や試験方法が容易であり，初心者でも実施できる．この点が，利点である．ただし，スランプ値は，レオロジー定数のような物理量ではなく，同一の試験条件で得られた測定値どうしの比較にしか用いることができない工学量である．

また，スランプが5 cm以下または16 cm以上では，正確なコンシステンシーを評価できず，粘りなどを評価する別の試験方法を用いなければならない．これらの点が欠点である．

5. 硬化コンクリート

　硬化コンクリート（hardened concrete）は，実際の構造物および部材に単体あるいは鋼材との複合材料（鉄筋コンクリートやプレストレストコンクリートなど）として使用される．なお，いうまでもないが，硬化コンクリートはフレッシュコンクリートがセメント（あるいはセメントおよび結合材）の水和反応により硬化したものである．

　本章では，硬化コンクリートへの要求性能を整理して述べる．強度については特に圧縮強度が重要であること，強度に及ぼす種々の要因，変形性能については，応力-ひずみ曲線やクリープ，乾燥収縮などについて述べる．

5.1 要 求 性 能

　コンクリートの使用される条件によって，特に硬化コンクリートへの要求性能は多種多様である．土木学会コンクリート標準示方書（平成8年版）では[1]，強度，均一性，耐久性，水密性，ひび割れ抵抗性，鋼材を保護する性能をあげている．さらに，平成11年版[2]および2002年制定版[3]では，耐久性（能）を重視している．

　ここでは，これらを整理して，強度（strength），ひび割れ抵抗性を含む変形性能，水密性およびその他として述べる．その他としては，単位容積質量などが含まれる．また，均一性はこれらの性能のバラツキとして考える．さらに，耐久性（能）は，これらの性能が構造物（部材）の供用期間内に最低限の要求性能を満たす性能ととらえて，9章および10章で説明する．

　これらの性能は次のような場合に要求される．

- 鉄筋コンクリート，プレストレストコンクリートやダムコンクリート（の設計）では，圧縮強度（compressive strength）が要求される．

- 鉄筋コンクリートの成立には，付着強度（bond strength）が必要である．
- 舗装コンクリートやプレストレストコンクリート（の設計）では，曲げ強度（flexural strength or modulus of rupture）が要求される．
- 変形（deformation）やたわみ（deflection）を制御するためには，変形性能の制御が要求される．特に，プレストレストコンクリートでは，クリープ特性も制御（あるいは考慮）する必要がある．
- ひび割れを防止や制御するためには，ひび割れ抵抗性が要求される．
- 自重を制御するには，単位容積質量を制御する必要がある．

5.2 強　　度

コンクリートは圧縮強度が他の強度（引張強度：tensile strength）やせん断強度：shear strength）に比べて大きいので，一般にコンクリート強度といえば圧縮強度を指す．しかしながら，前述したように曲げ強度が要求される場合もあれば，間接的に他の強度（引張強度，せん断強度）が期待されている場合も多い．また，鉄筋コンクリートでは付着強度が必要である．さらに，荷重が繰り返される場合には，各々の強度に対する疲労強度（fatigue strength）が問題となる．

5.2.1　圧縮強度

1）求め方　圧縮強度は，一軸圧縮応力下における破壊強度（あるいは破壊が定義しずらい場合は最大応力）であり，供試体に作用させた一軸圧縮荷重の最大値を供試体の断面積で除した値（単位：N/mm^2あるいはMPa）である．

2）重要性　一般にコンクリートの強度といえば圧縮強度を指す．この理由は次のようである．

① 圧縮強度が他の強度に対して大きく，これに関連して，一般のコンクリート構造物（部材）では圧縮強度に依存した設計を行う．

② 圧縮強度から他の強度や弾性係数などを概略予測できる．

なお，コンクリートの強度は，一般に標準養生(温度20℃の水中での養生)を行った材齢28日における圧縮強度を基準とする．

さらに，圧縮強度はコンクリートの力学的性能を表す指標の中で最も重要なものの1つであり，上記を含めて次のような目的で用いられている．

③ コンクリートの品質の確認
④ 他の諸性質（引張強度，弾性係数，耐摩耗性など）の推定
⑤ 型枠取外し時期やプレストレスの導入時期の決定
⑥ 既設構造物のコンクリートの品質判定
⑦ その他として，材料（セメント，骨材，水，混和材料など）が使用できるかどうかの確認

ノート　東南アジアなどにおいては年平均気温が30℃に近い．実態は30℃で養生しているにもかかわらず，規準上（英国や米国のものを使用）は，20℃程度の標準養生としている．解釈がなかなか難しい．

3）圧縮強度に影響を及ぼす要因　コンクリートの圧縮強度（他の強度もほぼ同様）に影響を及ぼす要因は次のようである．すなわち，i）材料の性質：セメント，骨材，水，混和材料など，ii）配（調）合（mix proportion）：水セメント比（water cement ratio），空気量（air content）など，iii）施工方法：練混ぜ，運搬，締固め，養生など，iv）試験条件：材齢，供試体の形状寸法，載荷方法など，である．

iv）の場合の形状寸法や載荷方法は，厳密には圧縮強度そのものでなく「圧縮強度の試験値」に及ぼす要因である．すなわち，形状寸法や載荷速度が変わってもコンクリート自体は変化しないが，最大荷重を断面寸法で割った値が影響を受けるのである．

ノート　載荷速度の影響を考える場合，自分が供試体になったつもりで考えてみるとよい．一瞬であれば，セメント2袋を持てるかもしれないが，バケツ1杯の水を半日持つのは辛い．

[圧縮強度へ及ぼす材料の影響および材料への要求性能]

① セメント：コンクリート強度は，セメントの強度と密接な関係を有し，JIS R 5201によるセメントの圧縮強度 k とコンクリートの圧縮強度 f'_c の間に次の関係があるとされている．

$$f'_c = k(AX - B)$$

(ここで，X：セメント水比（C/W），A，B：定数)

この観点から，セメントへは所要の強度が求められる．

しかしながら，他の要因の影響も大きいので，土木学会ではペーストやモルタルの強度から直接コンクリートの強度を求めることを認めていない．他の要因の中で，境界相の影響および骨材強度の影響が大きい．特に，高強度コンクリートおよび低強度の骨材を用いた場合においてこれらの影響は著しい．

後述するが，土木学会では $f'_c = A + BX$ 式を推奨している．

② 骨材：粗骨材および細骨材の強度がペーストの強度より大きな場合，通常は骨材強度はコンクリート強度に影響を及ぼさない．しかしながら，軽量骨材や火山性，サンゴ質骨材，再生骨材を使用した場合には，コンクリート強度はこれら骨材の強度の影響を受ける．特に，ある海外地域においては強度の弱い骨材しか産出しないこともあるので認識することが重要である．また，骨材の最大寸法も影響を及ぼし，特に高強度コンクリートにおいては，最大寸法が大きいほどコンクリート強度は低下する．

以上のことから，通常骨材の強度がペーストの強度より十分大きい場合には，所要の最大寸法および粒度を有する骨材であることが要求されるが，骨材が相対的に弱い場合には，所要の強度も最大寸法・粒度に加えて要求される．

③ 水：練混ぜ水中の不純物がコンクリートの圧縮強度，特に強度発現（強度がでるのが速くなったり遅くなったりすること）に影響がある．俗な例では，強度発現が塩を混ぜると速くなり，砂糖を混ぜると遅くなる．このようなことのないよう，すなわち，強度発現に影響を及ぼさないという性能が要求される．

［配（調）合と圧縮強度および配合に要求される性能（事項）］

① 水セメント比：セメントに対する水の量が多くなると強度は低下する．したがって，所要の強度が得られるより低い水セメント比が要求される．強度理論は 5.4 節で述べる．

② 空気量：空気量が多くなると強度は低下する．したがって，十分な凍結融解抵抗性が得られる範囲で最小とすることが要求される．これは，特に高強度が要求される場合には重要である．なお，普通程度以下の強度（30 N/mm² 以下）のコンクリートであれば，エントレインドエアーはコンシステンシーを改善するので，同一コンシステンシーという条件ではエントレインドエアーを

混入することは強度を低下することにならないとされている．

［施工と圧縮強度および施工に要求される性能（事項）］

①練混ぜ方法：用いるミキサに適した練混ぜ時間が要求される．わが国で用いられているパン型や水平二軸ミキサでは，3～5分の練混ぜがよいとされている．実際，特に生コンクリート工場では，実質1分以内のことが多く，この範囲では，練混ぜ時間は長いほうがよいといえる．さらにいうと，わが国では，練混ぜ時間1分以内という所定の条件に対して問題が起こらないようミキサや混和剤を選定しているといえよう．

技術的にはかなり苦しいトレードオフ関係である．

②締固め：余剰水およびエントラップトエアーをバイブレーターなどでできるだけ追い出すのがよい．最低の要求として，大きな豆板をなくす．特に，固練りの場合では振動締固めが有効である．軟練りの場合では，過剰の振動締固めは材料分離を起こしやすいので注意を要する．なお，豆板とは硬化したコンクリート中にあるモルタル分のいきわたらない粗骨材のみの部分で，ジャンカや巣ともいう．

③養生：初期（締固め後数時間）養生への最低要求は，表面乾燥による微細ひび割れを発生させないこと，および，凍結させないことである．さらに，数日間は，水和反応が十分に進行しかつ長期強度が低下しないような養生が望まれる．

次に養生での特記事項を示す．湿潤養生の間，強度は徐々に増加する．乾燥させるといったん強度は上昇するが，その後の長期的な強度の上昇はない（図5.1）．通常の温度（およそ5～45℃）範囲では，材齢28日までの強度は各材齢において養生温度が高いほど大きい（図5.2）．しかし，材齢初期の養生温度の低いほうが，長期の強度増進は大きい（図5.3）．

近年，現場に適切な判断をできる技術者がいるとは限らず，施工がおろそかになっているとの指摘もある．適切な施工を期待したい．

［圧縮強度に及ぼす材齢の影響］　耐久性（照査型）設計を考えた場合，コンクリートの圧縮強度は設計耐用期間（design life）中に設計基準強度（design strength）を下回らないことが要求される．通常，設計基準強度は材齢28日強度に対応するので，長期材齢での強度が28日強度以上であればよい．通常であればこれの達成は容易であるが，耐用期間が100年以上である場合や過酷

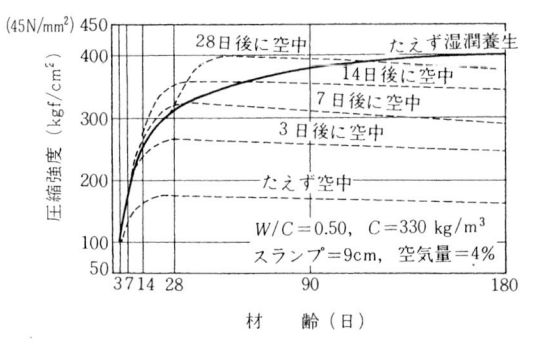

図5.1 乾燥がコンクリートの圧縮強度に及ぼす影響[4)]

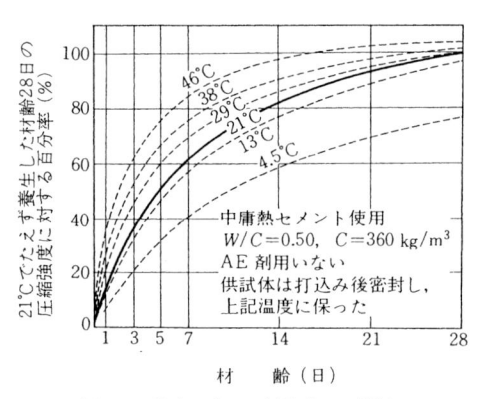

図5.2 養生温度と圧縮強度との関係[4)]

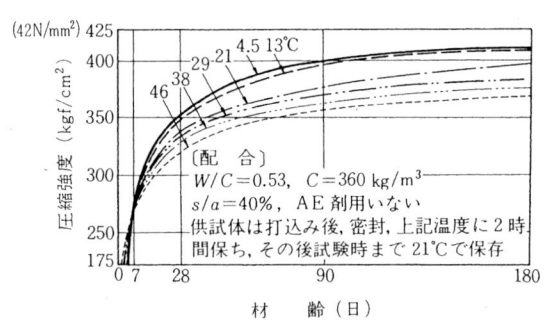

図5.3 初期の温度が圧縮強度に及ぼす影響[4)]

な環境条件下では検討が必要である．

5.2.2 圧縮強度以外の強度

その他，構造物の種類や荷重の種類によって必要となる，あるいは考慮する強度には，引張強度，曲げ強度，せん断強度，支圧強度 (bearing capacity)，付着強度がある．

a．引張強度

1) 求め方 通常，引張強度は，図5.4に示すJIS A 1113「コンクリートの割裂引張強度試験方法」によって行う．この方法は，円柱供試体を横にして上下から加圧するもので水平方向に引張応力が生ずることを利用している．

もちろん，純引張によって行う試験方法もある．しかし，治具や載荷方法に

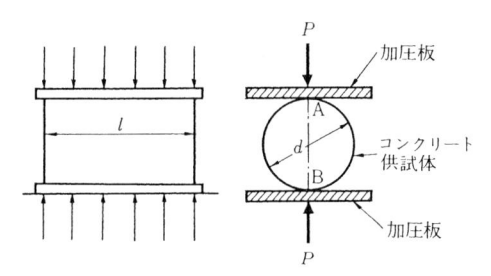

図5.4 割裂引張強度試験

工夫をしないと治具の近傍で局部的な破壊を生じたりして，試験がうまくいかない場合が多い．なお，数多くの試験によって，この両者の試験値はほぼ同じといわれている[5]．

引張強度は，圧縮強度の約1/10～1/13であって，この比は圧縮強度が大きくなるほど小さくなる．また，圧縮強度/引張強度をぜい（脆）度係数という．

なお，試験を行わない場合には，土木学会コンクリート標準示方書［構造性能照査編］では，次式を用いて算定してよいとされる．この意味は，実際に試験するとやや違うかもしれないが，おおよそ近い値となるということである．

$$f'_{tk} = 0.23 f'_{ck}{}^{2/3}$$

ここで，f'_{tk}：引張強度の特性値，f'_{ck}：圧縮強度の特性値

2) 重要性 直接的に引張強度を用いるのは，温度ひび割れ発生を予測

する場合の温度ひび割れ指数などである．間接的に用いるのは，コンクリートの大きな欠点である乾燥収縮ひび割れなど，ひび割れの発生の抑制に大きく関与する場合である．不思議なことに，設計上は無視することの多い引張強度に対して，非常に多くの期待と要求が間接的に寄せられている．すなわち，現行の設計で考慮されるのは主に圧縮強度であり，引張強度は圧縮強度から推定されているが，美観，水漏れ，耐久性（能）などは引張強度に依存する場合が多い．

　3）　引張強度に特に影響を及ぼす要因　　ほぼ圧縮強度のものと同様である．養生中はもちろん，その後の乾燥の影響を強く受けて強度は低下する．この傾向は軽量骨材コンクリートで著しい．

　b．曲げ強度（flexural strength または modulus of rupture）

　1）　求め方　　通常，曲げ強度は図 5.5 に示す JIS A 1106「コンクリートの曲げ強度試験方法」によって求める．この値は，角柱供試体（15×15×53 または 10×10×40 cm）を，3 等分点載荷を行って破壊時のモーメントより次式で求める．

$$f_t = M/Z$$

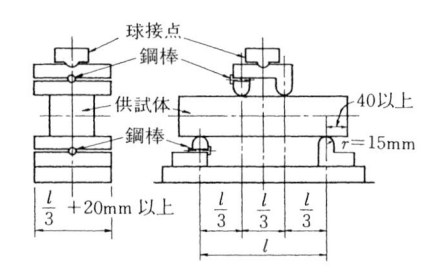

図 5.5　曲げ試験[6]

ここで，f_t：曲げ強度（N/mm²），M：破壊モーメント（N・mm），Z：断面係数（mm³）

　曲げ強度は，圧縮強度の 1/5〜1/7 である．

　2）　重要性　　直接的には，舗装コンクリートの設計に用いられる．また，プレストレストコンクリートのひび割れ荷重やモーメントの算定に用いられる．

3) 曲げ強度に特に影響を及ぼす要因　引張強度と同様に乾燥の影響が大きい．特に，内部が湿潤で表面が乾燥すると曲げ強度は格段に低下する．また，寸法が大きくなると，曲げ強度は引張強度に漸近する．

c．せん断強度

一般に，せん断強度は，図 5.6 のような特定の面で破壊を強制する直接せん断試験方法で求められる．しかしながら，曲げやアーチ作用の影響があるた

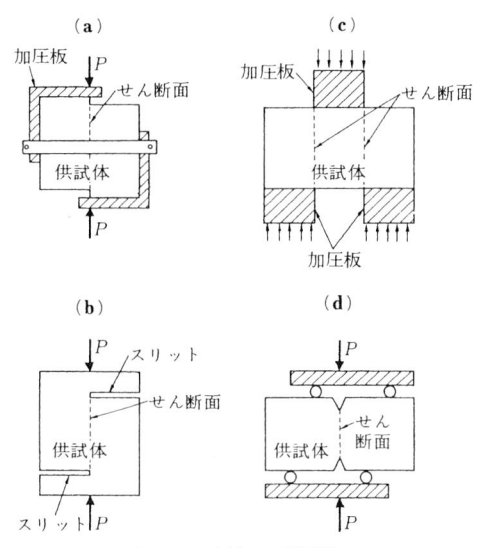

図 5.6　直接せん断試験[6]

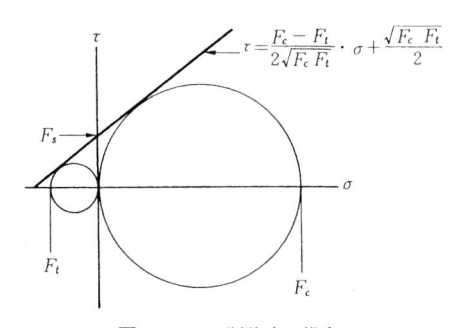

$$\tau = \frac{F_c - F_t}{2\sqrt{F_c F_t}} \cdot \sigma + \frac{\sqrt{F_c F_t}}{2}$$

図 5.7　せん断強度の推定[7]

め，真のせん断強度とはいえない．間接的ではあるが，理論的にはモール円を考えてせん断強度を求めることができる．すなわち，図5.7に示すごとく，包絡線が縦軸と交わる点が近似的にせん断強度とみなされる．すると，せん断強度 f_s は，次式により算定される．

$$f_s = 0.5\sqrt{f_c \cdot f_t}$$

ここで，f_c：圧縮強度，f_t：引張強度

なお，せん断強度が直接問題となることはほとんどない．

ノート　鉄筋コンクリート梁などで，「せん断破壊」呼ばれる破壊形状があるが，この場合でも，コンクリートは引張破壊していることが多い．

d．支圧強度

1） 求め方　局部的な荷重を受ける場合の圧縮で破壊する強度を支圧強度という．

この強度は，図5.8に示す局部加圧試験によって求められる．また，このような試験を行わないとき，支圧強度 f'_a は，次式のように圧縮強度より推定することもできる．

$$f'_a = k\sqrt[n]{\frac{A}{A}}f'_c \qquad f'_a = k\sqrt[n]{\frac{A}{A'}} \times f'_c$$

ここで，k：実験定数で普通コンクリートで1.0，軽量骨材コンクリートで0.6〜0.8，n：実験定数で通常1.5〜3，f'_c：圧縮強度

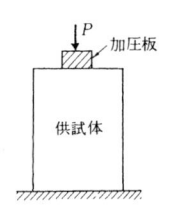

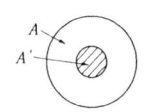

図5.8　局部加圧試験[7]

なお，土木学会コンクリート標準示方書［構造性能照査編］では，
$$f'_{ak} = \eta f'_{ck}$$
ここで，$\eta = \sqrt{\dfrac{A}{A'}} \leqq 2$，$f'_{ak}$：支圧強度の特性値，$f'_{ck}$：圧縮強度の特性値としている．

2） **重要性** 橋梁上部工支承部やプレストレストコンクリートの緊張材定着部などで，コンクリート断面の一部だけに圧縮力が作用する場合に考慮する必要がある．

e．**付着強度**

1） **求め方** コンクリートと埋め込まれた鉄筋との間のすべりに対する抵抗荷重を鉄筋の抵抗する面積（通常は，周長×長さ）で除した強度である．

試験としては，引抜き，押抜き，および両引き試験がある．どのような応力状態の付着を対象とするかで，いずれを用いるかが異なるが，引抜きあるいは両引き試験を用いることが多い．

なお，土木学会コンクリート標準示方書［構造性能照査編］では，付着強度の特性値 f'_{bok} を，$f'_{bok} = 0.28 f'^{2/3}_{ck}$（ただし，$f'_{bok} \leqq 42\,\text{N/mm}^2$）としている．

2） **重要性** 付着強度は，鉄筋コンクリート部材の曲げに対する設計あるいはプレストレストコンクリートのコンクリートと PC 鋼材の一体化の検討などで重要である．

3） **付着強度に特に影響を及ぼす要因** 付着強度は，鉄筋の直径および表面状態，鉄筋の埋込み位置，コンクリートの強度および乾湿条件によって変化する．また，ブリーディングにより鉄筋下面に脆弱な部分ができやすいため，水平配置した場合に小さくなる．さらに，試験方法によっても異なった値となる．

4） **その他** コンクリートと鋼材の付着力を構成する要素は，i）セメントペーストと鋼材との純付着力，ii）側圧力による摩擦力，iii）鋼材表面の凹凸による機械的抵抗力である．このため，異形鉄筋のほうが丸鋼よりも付着強度は大きい．

5.2.3 疲労強度

いままで述べた圧縮強度，引張強度，せん断強度，支圧強度，付着強度は，短時間（数分以内）に荷重を加え破壊させるもので，すべて静的破壊強度といわれる．しかしながら，この静的破壊強度よりも低い応力でも，これが繰り返されると，材料（ここではコンクリート）が破壊にいたることがある．これを疲労ないし疲労破壊という．

なお，荷重が一定で持続して載荷される場合にも破壊することがあるが，これをクリープ破壊といいクリープ（creep）のところ（5.3.2項）で述べる．

[基本的な概念]

① 繰返し応力の大きさと破壊までの繰返し数：繰返し応力の大きさ（上限応力（最大の応力）または応力振幅（最大の応力と最小の応力の差））と破壊までの繰返し数（対数目盛で表すことが多い）を図で表したものをS-N線図という（図5.9）．S-N線図において，繰返し応力の大きさと繰返し数の対数との間には，多くの実験により概略直線関係があることが知られている．

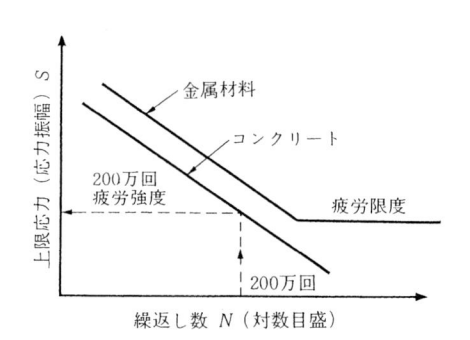

図5.9 疲労限度と疲労強度[8]

② 疲労限（度）と疲労強度：無限の繰返しでも破壊しない限界の応力を疲労限，疲労限度などと称する．これは，平滑な金属などで認められているようであるが，コンクリートでは繰返し数1000万回までは認められていない．また，10万回，100万回，1000万回など任意の繰返し数に対して破壊しない限界の応力が存在し，これらを各々○○回疲労強度という．コンクリートでは，よく100万回，200万回疲労強度が用いられるが，およそ静的破壊強度の50～70%の範囲である．

なお，実験的に最も多くの繰返し数を行ったのは，新幹線を対象としたもので 10^7 回程度である．

③疲労強度の重要性：疲労は，道路や鉄道の橋梁において検討する必要がある．また，本来は，舗装コンクリート，消波ブロックなどの無筋コンクリートで検討する必要もあるが，現状では明文化された規準はない．

5.2.4 高強度の要件

近年，長大橋，高層ビルなどに通常のコンクリートの圧縮強度（30～40 MPa）の2倍以上（80～100 MPa）の強度のコンクリートが要求される事例が散見される．これを製造するための要点を述べる．

使用材料としては，セメントと水は一般のものが使用される．水セメント比をきわめて小さくする（30％以下）必要があるため，高性能の減水剤が必要とされる（高性能減水剤や高性能AE減水剤）．さらに，小さな水セメント比でのワーカビリティー改善のためにセメント粒子より1オーダー以上小さい球状の粒子が必要であり，この粒子としてシリカフュームが使用されることが多い．

また，コンクリートへの要求強度より強度の高い骨材を使用し，かつ骨材とペースト間の界面が弱点とならないよう良質の骨材と十分な練混ぜを選定する必要がある．

ノート 特殊なものとしては，reactive powder と呼ばれる $600\,\mu$m 以下の径の結合材と鋼繊維を適切に配合した 200 MPa 以上の圧縮強度を持つコンクリート（reaction powder concrete）が実用化されている．

5.3 変 形 性 能

コンクリートは，種々の原因により変形する．荷重，水の移動（乾燥収縮や湿潤膨張），さらに温度によって変形する．これらの変形は一般に時間とともに大きくなる．

このような変形に関する性能を変形性能と総称する．

5.3.1 圧縮荷重による変形性状および性能

a. 応力-ひずみ曲線（stress-strain curve）

1）求め方およびモデル　圧縮力を受ける場合に，応力あるいはひずみを0から徐々に増加させて得られる応力とひずみの関係を示す曲線である．

すなわち，圧縮強度試験を行う際に，荷重および荷重と同じ方向の変形を測定し，荷重を断面積で割ったものを応力，変形量をもとの長さで割ったものをひずみとして求め，図示するものである．図5.10に示すように，コンクリートの応力-ひずみ曲線は，載荷初期より非線形である．また，骨材，ペーストおよびモルタルの応力-ひずみ曲線をコンクリートのものと比較して図5.11に示す．

なお，数値であることを示すために応力を応力度，ひずみをひずみ度ということも多い．

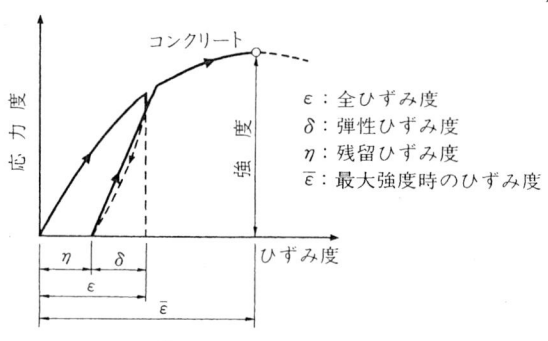

ε：全ひずみ度
δ：弾性ひずみ度
η：残留ひずみ度
$\bar{\varepsilon}$：最大強度時のひずみ度

図5.10　応力-ひずみ曲線[8]

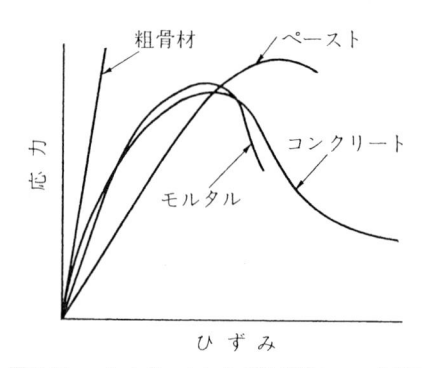

図5.11　コンクリートおよび各材料の σ-ε 曲線[9]

5.3 変形性能

不思議なことに，骨材とペーストの応力-ひずみ曲線はほぼ直線とみなせるが，コンクリートとモルタルのものは0点近くから曲線である．この理由として，骨材とペーストの境界相で小さな応力から微小ひび割れが発生することがあげられる．したがって，境界相の性状が改善される高強度コンクリートなどにおいては，コンクリートの応力-ひずみ曲線は直線に近くなる．

微小ひび割れには，粗骨材とペースト（モルタル）の境界相より発生するもの（付着ひび割れあるいは境界面ひび割れ）とモルタル部に発生するもの（モルタルひび割れ）がある．以下に応力（圧縮強度に対する％で示す）と微小ひび割れ進展の状況を普通コンクリートに関して述べる．

　　〜30％：載荷以前より付着ひび割れはあるが，この範囲ではこのひび割れは進展しない．

　　30〜50％以上：付着ひび割れが進展する．

　　70〜90％以上：モルタルひび割れも急増する．この段階で内部組織が崩壊し，ある荷重より体積が膨張に転ずる．この状態を変形特異点という．

また，強度が高くなっても最大応力に対するひずみおよび破壊時のひずみはあまり変わらず0.2％程度および0.3〜0.4％程度である．

応力-ひずみ曲線のモデル化：応力-ひずみ曲線については多数の研究があり，多数の関係式が発表されている（e 関数式やHognestadのものなどが有名である）．コンクリート部材の断面破壊に対応するものとしては土木学会で次のものが示されている（図5.12）．

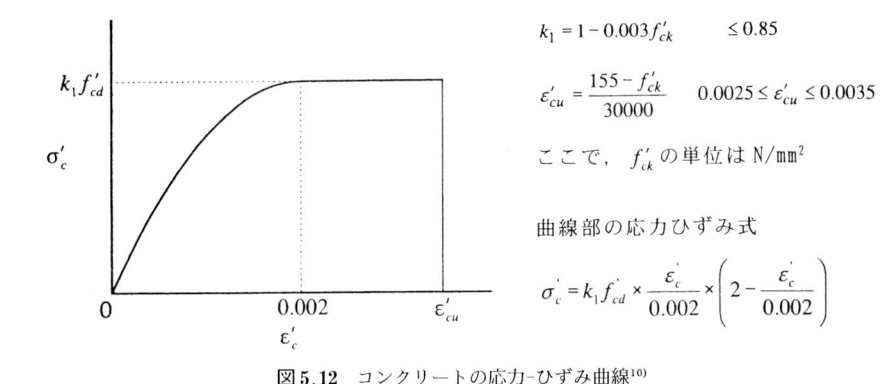

$$k_1 = 1 - 0.003 f'_{ck} \leq 0.85$$

$$\varepsilon'_{cu} = \frac{155 - f'_{ck}}{30000} \quad 0.0025 \leq \varepsilon'_{cu} \leq 0.0035$$

ここで，f'_{ck} の単位は N/mm^2

曲線部の応力ひずみ式

$$\sigma'_c = k_1 f'_{cd} \times \frac{\varepsilon'_c}{0.002} \times \left(2 - \frac{\varepsilon'_c}{0.002}\right)$$

図5.12　コンクリートの応力-ひずみ曲線[10]

2) 重要性　実測された曲線より，部材の設計で用いる各種の弾性係数が算定される．モデル化した曲線は，部材の降伏曲げモーメントが算定や降伏後の部材の変形予測に用いられる．また，コンクリートのじん（靭）性やぜい（脆）性の程度の判断が可能となり，かつ破壊にいたるエネルギーも算定される．

3) 影響を与える因子　圧縮強度に影響を与えるものとほぼ同じであるが，特に，骨材の応力-ひずみ曲線および境界相の性状の影響が大きい．

b. 弾性諸定数

[静弾性係数]

1) 求め方　静的圧縮載荷試験によって得られた応力-ひずみ曲線から求めた弾性係数 (modulus of elasticity) を静弾性係数と呼び，これには，初期接線弾性係数，割線弾性係数，および接線弾性係数がある．これらは，各々図5.13の E_i，E_c，E_t に対応する．

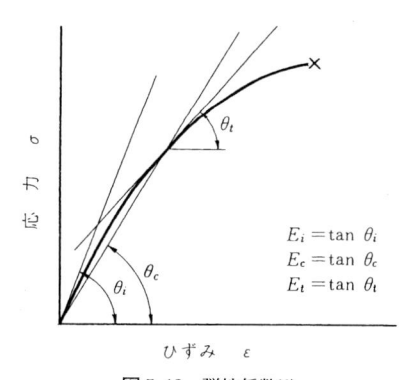

図5.13　弾性係数[1]

実用的には，最大圧縮応力度の1/4または1/3に相当する点で求めた割線弾性係数を用いることが多く，これをヤング係数 (Young's modulus) という．

ヤング係数と圧縮強度の関係についても多くの研究があり，例えば $E_c = aW^n f'^m_c$（ここで，a, m, n は定数，W は単位質量 (t/m³)，f'_c は圧縮強度）なる式が提案されている．土木学会コンクリート標準示方書では，試験を行わない場合，表5.1に示す値としてよいとしている．

2) 重要性　荷重による変形量を求める場合や鉄筋コンクリート（プレストレストコンクリートを含む）部材の設計時に必要である．

5.3 変形性能

表5.1 コンクリートのヤング係数[12]

f'_{ck} (N/m²)		18	24	30	40	50	60	70	80
E_c (kN/mm²)	普通コンクリート	22	25	28	31	33	35	37	38
	軽量骨材コンクリート*	13	15	16	19	–	–	–	–

* 骨材を全部軽量骨材とした場合

3) 影響を及ぼす因子 直接的には，骨材の弾性係数の影響を最も多く受けるが，間接的には1）でも述べたように圧縮強度からおおよそ推定できる．

[動弾性係数]

1) 求め方 コンクリート供試体に振動（縦振動あるいはたわみ振動）を与える方法と供試体中の弾性波速度を測定することによって非破壊的に動弾性係数を求めることができる．

振動を与えて一次共鳴振動数 f (Hz) を測定した場合，次の関係より動弾性係数 (E_d) を求めることができる (JIS A 1127「共振振動によるコンクリートの動弾性係数，動せん断係数および動ポアソン比試験方法」)．

$$fl = \sqrt{E_d/\rho_0}$$

ここで，l：供試体の長さ (cm)，ρ_0：供試体の密度 (g/cm³)

供試体中を波長の短い（数 cm）振動が伝わる場合，波動伝達速度 (V) と動弾性係数 (E_d) には次の関係があり，動弾性係数を求めることができる．

$$E_d = \frac{\rho V^2 (1+\mu)(1-2\mu)}{1-\mu}$$

ここで，μ：ポアソン比

動弾性係数はごく小さな応力（振動による応力）で測定するので，初期接線弾性係数に近い値となる．

2) 重要性 動弾性係数は，凍結融解試験などでのコンクリート劣化の指標ともなる．

c. 引張による伸び能力

1) 定義（どのようなものか） 伸び能力 (extensibility) とは，一般には引張（荷重あるいは変形）を受ける固体材料が破壊するまでに示す最大の引張変形量のことである．この量は絶対値（mm など）で表すこともあるが，本書ではひずみで表す．なお，破壊力学などでは，絶対量で表すこととなる．

2) 重要性 コンクリート構造物（部材）にとって，ひび割れは耐久性

（能）上，水密性上，美観上などから有害である．伸び能力が高いほどひび割れ抵抗性が高く，望ましい．

3） 要因と値　弾性係数（コンクリートさらには骨材），クリープおよび引張強度などの影響を受ける．さらに，引張荷重を加える速度にも影響する（クリープとも関連する）．ここで，クリープとは，応力を作用させた状態でひずみ（厳密には全ひずみから弾性ひずみと乾燥収縮ひずみを差し引いたひずみ）が時間とともに増大していく現象である．また，伸び能力は圧縮強度が増加してもそれほど大きくならず，これを大きくすることは非常に難しい．一般に伸び能力は $100-200 \times 10^{-6}$ 程度である．

5.3.2　クリープ（荷重による経時的な体積変化）

1） クリープおよびクリープひずみの定義　持続荷重の場合，弾性ひずみに加えて時間の経過とともにひずみが増大する．この現象をクリープといい，増大したひずみをクリープひずみという．主たる機構は，持続載荷による水の移動であるといわれている．

（注：一般には下記に示すように，クリープひずみでは乾燥収縮ひずみを補正するのが普通であるが，参考書によっては，乾燥収縮ひずみを含んだひずみをクリープひずみとして扱っているものもあるので注意を要する．）

2） クリープ測定例とクリープに関する用語　クリープひずみを測定するには，一定の圧縮荷重を供試体に載荷して，弾性ひずみからのひずみ増加を測定し続ければよい．この場合，後述する乾燥収縮の影響も含まれるので，通常の気中では，同時に乾燥収縮ひずみも測定し，ひずみの増加分から乾燥収縮ひずみを差し引いたもの（全ひずみ－弾性ひずみ－乾燥収縮ひずみ）を便宜的に（理論的には厳密ではない）クリープひずみとする．

この測定例を図5.14に示す．なおこの例では，弾性ひずみも合わせて示してある．図中，①は弾性ひずみ（ε_0），②はクリープひずみ（ε_c），③は除荷時弾性ひずみ，④は回復クリープあるいは遅延弾性ひずみ，⑤は非回復クリープあるいは永久変形と呼ばれる．

また，クリープに関する用語として以下のものがある．

① 基本クリープ：水中で持続載荷をして全ひずみから弾性ひずみを差し引いたもの

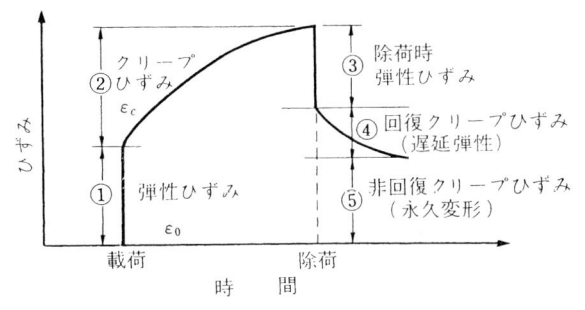

図5.14 クリープ-時間曲線[11]

② クリープ係数 ϕ：クリープひずみの弾性ひずみに対する比率（$\phi = \varepsilon_c/\varepsilon_0$）

さらに，持続荷重による応力が強度の75〜85％程度以上では，時間が経つと破壊にいたる．これをクリープ破壊といい，クリープ破壊にいたる最小（下限）の応力をクリープ限度という．

3） クリープに関する簡便的な法則（理論的には厳密ではない）

① Davis-Granville の法則：持続荷重による応力が強度の1/3程度以下であれば，クリープひずみは応力に比例する．

② Whitney の法則：時間 t が t_1 のときに載荷された荷重に対するクリープは，時間 t_0 で載荷された場合の t_1 以後の進行に等しい（図5.15）

これらの法則は，実用上クリープひずみを求める際に有用である．

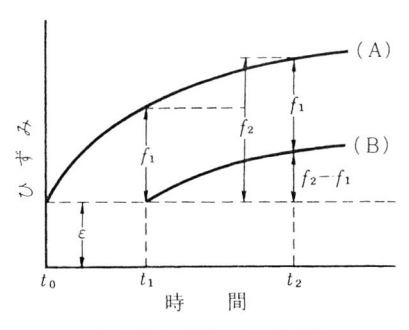

図5.15 Whitney の法則[13]

4） 重要性 構造物の経時的な変形を求めるときに必要である．また，プレストレストコンクリートでの有効な鋼材の引張力（コンクリートへの圧縮

応力)の計算，さらには，ひび割れ発生の算定に必要である．

なお，プレストレストコンクリートの有効プレストレスを求める際に用いるクリープ係数（普通コンクリート用）を表 5.2 に示す．

表 5.2 普通コンクリートのクリープ係数[14]

環境条件	プレストレスを与えたときまたは載荷するときのコンクリートの材齢				
	4〜7日	14日	28日	3カ月	1年
屋　外	2.7	1.7	1.5	1.3	1.1
屋　内	2.4	1.7	1.5	1.3	1.1

5) 影響する因子　クリープに影響する主な因子は，構造物（部材）の寸法，配合（特に水セメント比，骨材量，単位水量およびペースト量），骨材の鉱物的性質および粒度，載荷応力の大きさ，載荷時の材齢，載荷期間中の温度・湿度，セメントの種類，などである．

① 部材寸法が小さいほど，内部の水が外部に出やすいため（内部まで乾燥しやすいため），クリープひずみは大きくなる．

② セメントペースト量が多いほど，クリープひずみは大きくなる．

③ 水セメント比が大きいほど，クリープひずみは大きくなる．

④ 組織が疎あるいは粒度が不適当な骨材を用いると，クリープひずみは大きくなる．

⑤ 載荷応力が大きいほど，クリープひずみは大きくなる．

⑥ 載荷時材齢が若いほど，クリープひずみは大きくなる．

⑦ 載荷期間中の大気湿度が大きいほど，クリープひずみは大きくなる．

ノート　クリープに類似したものとしてリラクセーション（relaxation）がある．クリープが一定の応力状態でのひずみの増加現象であるのに対して，リラクセーションは一定のひずみ状態での応力の減少現象である．プレストレストコンクリートでの PC 鋼材のプレストレス損失の算定などにも考慮される．

5.3.3　乾燥収縮および自己収縮（水の移動による体積変化）

1) 乾燥収縮および自己収縮の定義　乾燥収縮（drying shrinkage）とは，硬化したコンクリートが乾燥によって縮む現象をいう．この現象は，乾燥

によってセメント水和物中の約 50 nm 以下の毛細管空隙あるいはゲル空隙を満たしていた水が蒸発し，空隙が縮むことによって生じる．なお，乾燥しているコンクリートを水中に入れると若干膨張する，これを湿潤膨張という．

自己収縮（autogeneous shrinkage）とは，セメントの水和反応により水が消費されることでコンクリートが縮む現象をいう．

2） 重要性 収縮が拘束された場合（ほとんどの場合にある程度拘束される），これらの収縮がある程度以上になるとひび割れが発生するため，防止あるいは制御対策が必要となる．特に，高強度や高流動コンクリートでは，セメント量が増える傾向にあるため，乾燥収縮に加えて自己収縮対策が必要となる．また，プレストレストコンクリートでは，プレストレス損失を計算する際に必要である．

なお，設計上では普通コンクリートを用いた通常の部材では表 5.3 に示す値を用いてよい．

表 5.3 コンクリートの収縮ひずみ（×10⁻⁶）[15]

環境条件	コンクリートの材齢*				
	3日以内	4～7日	28日	3カ月	1年
屋 外	400	350	230	200	120
屋 内	730	620	380	260	130

* 設計で収縮を考慮するときの乾燥開始材齢（乾燥開始時の材齢）

3） 影響を及ぼす因子 乾燥収縮に対しては，ほぼクリープと同様で載荷に関するものを除いたものである．すなわち，構造物（部材）の寸法，配合（特に水セメント比，骨材量，単位水量およびペースト量），骨材の鉱物的性質および粒度，乾燥開始時の材齢，乾燥期間中の温度・湿度，セメントの種類などである．特に，

① 乾燥収縮は，単位セメント量および単位水量が多いほど大きくなる傾向があるが，特に単位水量の影響が著しい（図 5.16）．

② 骨材の弾性係数が大きいほど，骨材によって変形が抑えられるので，小さくなる．

③ 部材寸法が小さいほど，内部の水が蒸発しやすいので，大きくなる．

自己収縮に対しては，セメントと結合材量の大きな配合であるというのが要因である．さらに，配合因子の中では，水結合材比，鉱物系混和材の種類と置

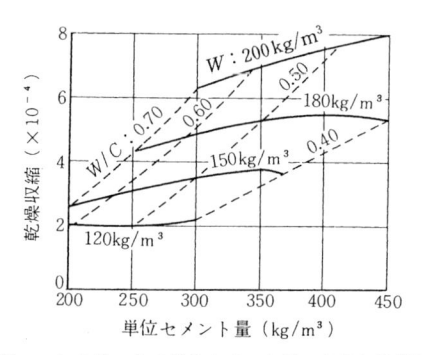

図5.16 コンクリートの単位セメント量・水量と乾燥収縮[16]

換率, および化学混和剤の種類および使用量が重要である.

5.3.4 温度変化による体積変化

1) 定義と原因　コンクリートも一般の固体と同様に温度が上昇すると膨張し, 低下すると収縮する. コンクリートに温度変化を生じさせる直接的な原因は, 気温の変化と, セメントの水和熱によるものがある.

2) 重要性　他の材料（例えば鋼材（鉄筋など））と複合材料を構成する際には, 温度変化しても相対的なずれや付着応力が生じないようできるだけ同程度の温度膨張（収縮）である必要がある. 拘束されている場合には, 温度による体積変化でひび割れが生ずる可能性があるので, その防止あるいは制御対策をとる必要が生じる可能性がある.

3) 因子およびおよその値　コンクリートの熱（温度）膨張係数は, 最も重量％の大きい骨材の熱膨張係数の影響を受ける他, 配合の影響も受ける. しかしながら, 日常的な温度変化の範囲では, $7 \sim 13 \times 10^{-6}$ 程度である. 設計では, 10×10^{-6} と仮定している.

また, 鋼材（鉄筋）とコンクリートの熱膨張係数は同程度で, これが鉄筋コンクリート構造が成立するための前提の1つとなっている.

5.4 ひび割れ抵抗性能―特に施工段階において―

5.4.1 コンクリートのひび割れ
a. ひび割れの原因と特徴

コンクリートのひび割れは，なんらかの原因によって発生するひずみが，コンクリートの伸び能力以上になると発生する．

コンクリートに発生するひび割れの原因はきわめて多種多様である．また，その原因によってひび割れの発生機構および形態もある程度決まる．これらを一括して示したのが表5.4である．現実のひび割れは，ただ1つの原因によるものはまれであり，原因を特定するにあたっては表に示した原因のいくつかを対象として総合的に考える必要がある．

この節では，特に施工段階あるいは比較的早期（数日から数カ月）に発生するひび割れを対象とする．なお，これ以上長期にわたって発生する耐久性に関連するものについては後述する．また，表5.4のD（構造・外力に関するもの）については，本書の対象外とし，むしろ「鉄筋コンクリート」や「コンクリート構造」に関する文献に託す．

b. 施工段階（コンクリート硬化前）に発生するひび割れ

1) **種類**（どのようなものか）　凝結硬化過程の早期に生ずるひび割れを，初期ひび割れ（あるいは硬化前のひび割れ）という．さらに，初期ひび割れは，原因によって沈みひび割れ，初期乾燥ひび割れ（プラスチックシュリンケージ（plastic shrinkage）ひび割れ），型枠・支保工の移動によるひび割れ，などに分類できる．

2) **重要性**　通常では，これらのひび割れは，原因がそれだけであればその後進展する可能性は小さく，また，施工中に発見すれば，補修（手直し程度）も容易である．ただし，放置した場合，後に発生する温度ひび割れや乾燥収縮ひび割れの起点にもなるため，早期に補修するのがよい．

c. 施工段階直後数日から数カ月で発生するひび割れ

1) **種類**　これに属するものには，温度ひび割れと乾燥収縮ひび割れ，さらには自己収縮によるひび割れがある．これらは，乾燥収縮によりある部分での引張ひずみが前述の伸び能力を超えた場合，あるいは，水和熱などで膨張

5. 硬化コンクリート

表5.4 ひび割れ発生の原因[17]

大分類	中分類	小分類	番号	原因
A 材料	使用材料 ↕ コンクリート	セメント	A1	セメントの異常凝結
			2	セメントの水和熱
			3	セメントの異常膨張
		骨材	4	骨材に含まれている泥分
			5	低品質な骨材
			6	反応性骨材（アルカリ骨材反応）
	コンクリート		7	コンクリート中の塩化物
			8	コンクリートの沈下・ブリーディング
			9	コンクリートの乾燥収縮
			10	コンクリートの自己収縮
B 施工	コンクリート	練混ぜ	B1	混和材料の不均一な分散
			2	長時間の練混ぜ
		運搬	3	ポンプ圧送時の配合の変更
		打込み	4	不適当な打込み順序
			5	急速な打込み
		締固め	6	不十分な締固め
		養生	7	硬化前の振動や載荷
			8	初期養生中の急激な乾燥
			9	初期凍害
		打継ぎ	10	不適当な打継ぎ処理
	鋼材	配筋	11	鋼材の乱れ
			12	かぶり（厚さ）の不足
	型枠	型枠	13	型枠のはらみ
			14	漏水（型枠からの，路盤への）
			15	型枠の早期除去
		支保工	16	支保工の沈下
	その他	コールドジョイント	17	不適切な打重ね
		PCグラウト	18	グラウト充填不良
C 使用環境	物理的	温度・湿度	C1	環境温度・湿度の変化
			2	部材両面の温度・湿度の差
			3	凍結融解の繰返し
			4	火災
			5	表面加熱
	化学的	化学作用	6	酸・塩類の化学作用
			7	中性化による内部鋼材の錆
			8	塩化物の浸透による内部鋼材の錆
D 構造・外力	荷重	長期的な荷重	D1	設計荷重以内の長期的な荷重
			2	設計荷重を超える長期的な荷重
		短期的な荷重	3	設計荷重以内の短期的な荷重
			4	設計荷重を超える短期的な荷重
	構造設計		5	断面・鋼材量の不足
	支持条件		6	構造物の不同沈下
			7	凍上
E	その他			その他

5.4 ひび割れ抵抗性能

し硬化したコンクリートが拘束されて温度降下時に発生する引張ひび割れが伸び能力を超える場合にひび割れが発生する．

2） 重要性　前述したが，耐久性（能）上，水密性上，美観上有害である．特に，早期にひび割れが発生し，後述する塩害や中性化の環境にあると，数年以内に鉄筋が腐食し，見苦しいことになるし，安全性にも問題が生じる．特に，コンクリートが剝落し，人身事故を起こすと刑事事件にも発展しかねない．

3） 影響する因子　乾燥収縮や温度によるひび割れの節で述べたことに加えて，施工上の因子がある．打設，養生などが悪いと配合などに意を払っても，きわめて簡単にひび割れが発生する．

5.4.2 施工段階で発生するひび割れの照査

土木学会コンクリート標準示方書［施工編］においては，「施工段階で発生するひび割れの照査」をきわめて重要な性能照査と位置づけて，詳細に照査方法を述べている．ここでは，この内容をできるだけわかりやすく簡便に示す．もちろん，詳細に知りたい場合は土木学会コンクリート標準示方書を精読するのがよい．

なお，ここでのひび割れ発生は，構造物（あるいは部材）のひび割れが発生しそうな個所がどのように拘束（自由に変形できない程度）されているかを知ることが重要である．

a． セメントの水和に起因するひび割れ照査

1） 基本的考え　コンクリートの応力解析より算出した応力によって，コンクリートに有害なひび割れが発生しないことを確かめることによって行うことを原則とする．この確認はコンクリート打設から十分な日数（通常1カ月以内）にわたってすべての時間 t に関して考え，最も危険な時間・個所でも大丈夫であることを確認する．一般に最も危険な個所はコンクリートに最大主引張応力が発生している個所である．

この応力解析に際しては，水和熱によって生じる熱量などを考慮した温度解析を行い，温度分布を求めてこれによる体積変化と自己収縮による体積変化を考慮する．

有害なひび割れが発生しないことを確認するには，まず，時間 t でのコンクリート引張強度 $f_{tk}(t)$ を予測し，これを最大主引張応力 $\sigma_t(t)$ で割った値をひ

び割れ指数 $I_{cr}(t)$ と定義し，これが安全係数 γ_{cr}（一般に 1.0〜1.8）より大きいことを確認することとなっている．

すなわち，$I_{cr} \geqq \gamma_{cr}$ を確認する．

2） ひび割れ指数の意義　　これは，コンクリートの引張強度を発生する引張応力で割ったものなので，大きいほどひび割れ発生に対して安全であることを意味する．

3） 温度解析の注目点　　土木学会コンクリート標準示方書では「コンクリートの温度解析は，構造物（被拘束体）ならびに拘束体の形状，寸法などに応じて適切な解析モデルを用いて行わなければならない」とある．特に，拘束という概念を述べる．

水和熱によるひび割れは，次のようにして発生する．まず，フレッシュ時に膨張しかつ膨張した状態で硬化する．例えば，50℃で硬化し，周囲のものに付着する（くっつく）．この付着した状態でコンクリートの温度が周囲の温度につられて降下すると，体積が小さくなり，周囲が変形しないと，周囲から引張られることになる．この引張がある程度になり，伸び能力（あるいは対応する引張強度）に達するとひび割れが発生する．この際，周囲が変形しない程度を拘束という概念で表す．拘束には内部拘束と外部拘束がある．

表層部のコンクリートが内部のコンクリートに拘束される場合を内部拘束という．この場合，表層部が速く温度が下がり縮むのを内部のまだ温度の高いコンクリートが引張ることにより温度ひび割れが発生する．新しく打設したコンクリート全体が外部のもとからあるコンクリートあるいは岩盤などで収縮変形が拘束されることを外部拘束という（図 5.17）．この場合には，縮もうとするコンクリートを外部のもとからあるコンクリートや岩盤が引張ることになる．

b．乾燥収縮ひび割れの防止

1） 基本的考え　　水和熱によるひび割れとやや異なり，土木学会コンクリート標準示方書では，「一般に，構造物の構造条件，施工条件，環境条件に応じて，乾燥に伴うコンクリートの長さ変化率（収縮ひずみ）の限界値を定め，コンクリートが所要の乾燥収縮条件を満足すれば，乾燥に伴うひび割れによって構造物の所要の性能は失われないとしてよい」とある．ややわかりずらいが，応力ではなくひずみで考えること，コンクリートの収縮ひずみの限界値を定めること，構造物コンクリートの乾燥収縮ひずみを求めることが重要である．

5.4 ひび割れ抵抗性能

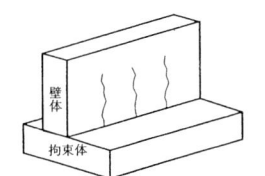

下端を拘束された壁(壁厚 50 cm 以上)
(擁壁・カルバートなど)

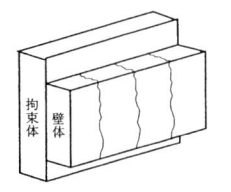

背面を拘束された壁
(連壁一体壁など)

外部拘束が主体となるひび割れ(貫通ひび割れ)

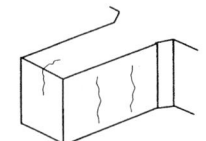

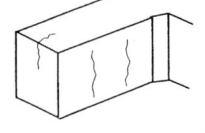

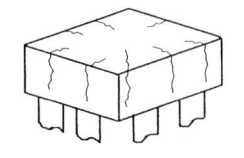

地中梁などの断面が大きい部材

フーチングなどのマスが大きい部材

内部拘束が主体となるひび割れ(表面ひび割れ)

図 5.17 内部拘束および外部拘束がひび割れに及ぼす影響[18]

これを式に示すと，コンクリートの乾燥収縮ひずみの限界値を S_k，コンクリート構造物に生じる乾燥収縮ひずみを S_p とし，安全係数を γp とすれば，

$$\gamma p \frac{S_p}{S_k} \leq 1.0 \quad \left(あるいは, \frac{S_k}{S_p} \geq \gamma p \right)$$

となる．ここで，土木学会コンクリート示方書［施工編］では，S_k を 500～700 μ，S_p は長さ変化試験もしくは土木学会コンクリート標準示方書［性能照査編］3.2.7 に示す式を用いることを奨めている．かなり面倒で技術も必要なため，現場での適用はなかなか難しい．

2) コンクリートの乾燥収縮ひずみの限界値 乾燥収縮では，「乾燥収縮は，単位セメント量および単位水量が多いほど大きくなる傾向があるが，特に単位水量の影響が著しい」ため，できるだけ，単位水量，単位セメント量の軽減につとめる．これらを行うと乾燥収縮ひずみの限界値は大きくなる．また，クリープの影響も大きいので(クリープが大きいほど，応力は緩和される)現実的には難しいが，これも考慮する必要がある．なぜ，難しいかというと，乾燥収縮とクリープは，互いの原因が似ており，別々に考えるのが非常に難しいからである．いずれにしろ，現場で適用できる段階ではない．

5.5 質量,水密性,熱的性質,その他

5.5.1 単位容積質量

1) 重要性 自重の算定に不可欠である.これが小さいと,スパンの長い橋梁などでは構造設計上有利であるし,ダムなどでは大きいほど安定性上で有利である.

2) 範囲 表5.5に示すように,普通コンクリートの単位容積質量は,気乾状態で2.30～2.55 t/m³程度であり,軽いものでは0.55,重いものでは5.0を超えるものもある.

表5.5 各種コンクリートの質量[19]

コンクリートの種類	骨材の種類		密度 (g/cm³)
	細骨材	粗骨材	
重量コンクリート	重晶石	重晶石	3.40～3.62
	赤鉄鉱	赤鉄鉱	3.03～3.86
	磁鉄鉱	磁鉄鉱	3.40～4.04
	磁鉄鉱	鉄 片	3.80～5.12
普通コンクリート	川 砂 砕 砂	川砂利 砕 石	2.30～2.55
軽量コンクリート	川 砂	人工軽量骨材 天然軽量骨材	1.60～2.00
	天然軽量骨材	天然軽量骨材	0.90～1.60
	人工軽量骨材	人工軽量骨材	1.40～1.70
気泡コンクリート			0.55～1.00

通常,2.0 t/m³以下のものを軽量コンクリート,2.3～2.5 t/m³のものを普通コンクリート,これより重いものを重量コンクリートという.

3) 影響する因子 主として使用する骨材の比重によって定まる.他に,粗骨材の最大寸法(大きいほど単位水量が小さくなるなど),空気量,配合,乾燥の程度などが因子である.

5.5.2 水密性

1) 定義 通常,水密性(water tightness)とは,コンクリート(モルタルも含む)の水の浸入または透過に対する抵抗性をいう.

コンクリートは，種々の空隙を有しており，これらの空隙（毛細管，境界相の空隙など）を通じて水の浸入または透過が行われる．

2） 透水係数と注意事項　コンクリートの水密性を表す指標として，次の式中にある透水係数 K_c が用いられる．

$$Q = K_c \cdot A \cdot \Delta H / L$$

（ここで，Q：流量（cm²/s），K_c：透水係数（cm/s），A：流れに直交する断面積（cm²），ΔH：流れの水頭差（cm），L：流れの長さ（cm）である．）

注意事項は，この透水係数が大きいと，式からもわかるように Q（流量）が大きくなるので水密性は悪くなることである．

3） 重要性　特に，水槽，ダム，水（海）中構造物などで重要な性能である．また，この性能は，外部からの有害物質の浸入に対する抵抗性にも密接に関係し，中性化，塩害，耐凍害性などとも関係する．

4） 影響を及ぼす因子　水密性のよいコンクリートとするための前提条件は，ワーカビリティーのよいコンクリートを用い，材料分離のきわめて少ない局所的な施工欠陥のないコンクリートを施工することである．さらに，ひび割れを発生させないことも絶対的な条件である．

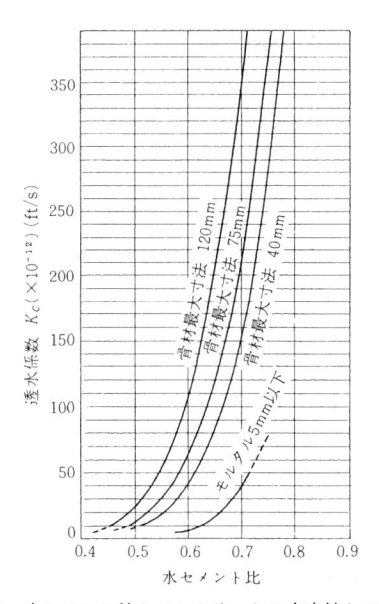

図 5.18　水セメント比とコンクリートの水密性との関係[20]

① 最大の因子は水セメント比である（図5.18）．55%を超えると急激に悪くなることがわかる．
② 粗骨材の最大寸法が大きくなると悪くなる．
③ 乾燥すると著しく悪くなる．

5.5.3 熱的性質

1） 熱的性質　コンクリートで重要なのは，熱伝導率（λ_c），比熱（c_c），熱拡散係数（h_c^2）ならびに熱（温度）膨張係数（α）である．前3者は，次式の関係がある．

$$h_c^2 = \frac{\lambda_c}{c_c \rho}$$

ここで，ρ：密度

2） 重要性　コンクリート中や構造物の温度応力の算定に必要である．また，熱膨張係数は複合材料とする際の，相手の材料との相性の目安ともなる．

3） 影響を及ぼす因子　表5.6に示されるように，熱的性質は，骨材の種類に大きく影響される．また，骨材の単位量にも影響されるが，水セメント比の影響は少ない．

表5.6　各種コンクリートの熱的性質[21]

コンクリート	骨材		密度 ρ (kg/m³)	熱膨張係数 α (1/K)	熱伝導率 k (W/m·K)	比熱 c (kJ/kg·K)	熱拡散係数 h^2 (m²/h)	温度範囲
	細骨材	粗骨材						
重量コンクリート	磁鉄鉱	磁鉄鉱	4020	8.9×10^{-8}	2.44〜3.02	0.75〜0.84	0.0028〜0.0037	≈300°C
	赤鉄鉱	赤鉄鉱	3860	7.6	3.26〜4.65	0.8〜0.84	0.0039〜0.0054	
	重晶石	重晶石	3640	16.4	1.16〜1.40	0.54〜0.59	0.0021〜0.0027	
普通コンクリート（ダム用コンクリートを含む）	—	珪岩	2430	12〜15	3.49〜3.61	0.88〜0.96	0.0056〜0.0062	10〜30°C
	—	石灰岩	2450	5.8〜7.7	3.14〜3.26	0.92〜1	0.0048〜0.0052	
	—	白雲石	2500	—	3.26〜3.37	0.96〜1	0.0048〜0.0051	
	—	花崗岩	2420	8.1〜9.7	2.56	0.92〜0.96	0.0040〜0.0043	
	—	流紋岩	2340	—	2.09	0.92〜0.96	0.0033〜0.0034	
	—	玄武岩	2510	7.6〜10.4	2.09	0.96	0.0031〜0.0032	
	川砂	川砂利	2300	—	1.51	0.92	0.0026	
軽量コンクリート	川砂	軽石類	1600〜1900	—	0.63〜0.73	—	0.0014〜0.0018	
	軽砂	軽石類	900〜1600	7〜12	0.5		0.0013	
気泡コンクリート	セメント-シリカ系		500〜800	8	}0.22〜0.24	—	} 0.0009	
	石灰-シリカ系			7〜14				

5.5.4 その他の性能

その他の性能として，視覚に対する性能（色彩やよごれ），聴覚に対する性能（遮音），嗅覚に対する性能（におい），健康に対する性能（有害物質の染み出し）などがある．

いずれも，今後，社会的な注目を引きそうである．

5.6 強度理論

a．水セメント比説

1919年，Abramsは，清浄で強固な骨材を用いた場合，コンクリートがプラスチックでワーカブルであれば，f'_cはセメントペーストの水セメント比W/Cで定まると提唱した．圧縮強度は次式で表せるとした．

$$f'_c = A/B^{W/C}$$

ここで，A, B：コンクリートの材料や試験条件などによって定まる定数．

b．セメント水比説

1925年，Lyseは，使用するセメントと骨材が同じであれば，コンクリートのコンシステンシーは単位水量によって決まり，単位水量を一定にするとセメント量によって圧縮強度が支配されるというセメント水比説を発表した．圧縮強度は次式で表せるとした．

$$f'_c = A + B \cdot C/W$$

ここで，A, B：実験によって定まる定数．

c．セメント空隙比説

1921年，Talbotらは，水と空気との容積の和を空隙とみなし，圧縮強度は空隙セメント比（容積比）で支配されるという空隙セメント比説を発表した．圧縮強度は次式で表せるとした．

$$f'_c = A + B \cdot c/v$$

5.7 資料：強度に種々の要因が及ぼす影響

この節では，強度に種々の要因が及ぼす影響の中で，特に重要な図および表を示す．

すなわち，以下のような図および表である．

表5.7 セメントの強度や骨材の表面水などの変動がコンクリートの品質に及ぼす影響[22]

材料の品質	変動（%）	コンクリートの品質への影響		
		スランプ（cm）	空気量（%）	圧縮強度（%）
セメントの強度	±10	—	—	±（8〜10）
細骨材の粗粒率	±0.2	±（0.2〜1.5）	∓（0.1〜0.4）	—
細骨材の表面水	±1	±（3〜4）	—	∓（6〜8）
粗骨材の表面水	±1	±（1〜2）	—	∓（2〜4）

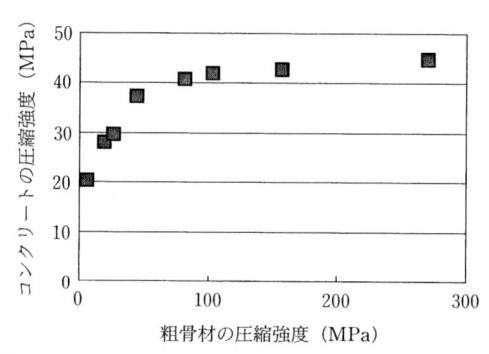

図5.19 骨材の圧縮強度とコンクリートの圧縮強度の関係

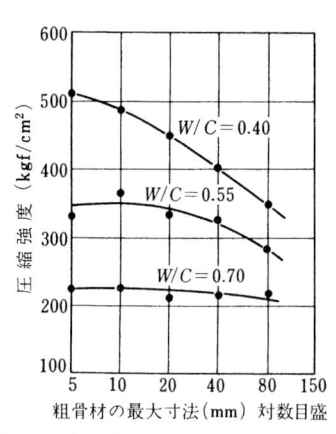

図5.20 粗骨材の寸法と圧縮強度の関係[23]

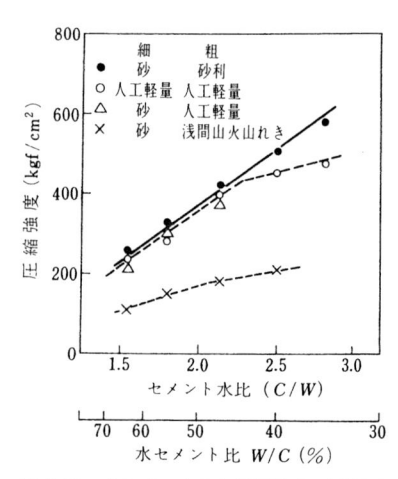

図5.21 水セメント比と圧縮強度の関係[23]

5.7 資料：強度に種々の要因が及ぼす影響

表5.8 練混ぜ水中の不純物がコンクリートに及ぼす影響[24]

不純物の種類	許容濃度(ppm)	コンクリートへの影響	不純物の種類	許容濃度(ppm)	コンクリートへの影響
炭酸塩,重炭酸塩 Na_2CO_3 $NaHCO_3$	1000 1000	急結性を示す。条件により遅延性, 促進性を示す。1000 ppmを超えるときは凝結時間および28日圧縮強度試験を要す。	酸性の水 HCl, H_2SO_4 その他の無機酸	10000	プレストコンクリートには使用できない。pH値は, 必ずしもコンクリートに対する影響を的確に判断する尺度とはならないが, pH 3以下のものは使用しないほうがよい。
ナトリウムの塩化物, 硫化物 $NaCl$ Na_2SO_4	20000 10000	鉄筋の発錆のおそれがある。	塩基性の水 $NaOH$ KOH	セメント量の0.5% セメント量の1.2%	急結が生じなければ強度に害はない。セメントの種類によっては強度低下を示す。
その他の普通の塩 $CaCO_2$ $MgCO_3$ $Ca(HCO_3)_2$ $Mg(HCO_3)_2$	400 400	溶解度が小さいので強度に害はない。〃	工業廃水	総固形分で4000	廃水の種類により著しい有害物を含んでいることもあるので, 製革工場, 塗料工場, 化学工場, めっき工場廃水には注意を要する。
$MgSO_4$ $MgCl_2$ $CaCl_2$	40000 40000 セメント量の2%	早強性を示す。プレストコンクリートには使用できない。	下水, 汚水		一般に有機物を含むが, 濃度が小さいので著しい害はない。
鉄塩	40000	酸性の鉱業廃水には多量に含まれることがある	砂糖	500	セメント量の0.03～0.15%では凝結および強度の発現が遅れる。セメント量の0.20%では凝結が促進される。0.25%では急結し, 強度も低下する。
その他の無機塩 マンガン, 亜鉛, 銅, 鉛の塩 Na_2HPO_4 Na_2A_5 Na_2B	500	強度を著しく害し, 凝結時間を変動させる。凝結および強度の発現を著しく遅らせる。セメントの10分の数%でも有害。	シアトルおよび懸濁物	2000	これ以上でも強度的な害はないが, コンクリートの他の性質に影響が現れる。濁った水は沈澱させてから使用する。
Na_2S	100	溶解のおそれがあるときは必ず試験を要す。	油脂		鉱物性油がセメント量の20%混入すると強度は20%以上低下する。植物油, 動物油の影響はさらに大である。
海水	35000	無筋コンクリートには使用できる。初期強度は大であるが, 長期強度は落ちる。鋼材の発錆のおそれがあるため, 鉄筋コンクリートならびにプレス	海藻類		連行空気量が著しく大になったり, ペースト, 骨材間の付着強度を弱化させ強度低下を示す。

◆演習問題◆

1. コンクリートの圧縮強度に関する次の記述のうち，不適切なものはどれか．
   ① 空気量が多いほど，圧縮強度は増加する．
   ② 単位水量が多いほど，圧縮強度は低下する．
   ③ 湿潤養生期間が長いほど，圧縮強度は増加する．
   ④ 通常の温度範囲では，養生温度が高いほど，材齢28日までの圧縮強度は高い．

【解　答】　①
【解　説】　① 空気量が多いほど，圧縮強度は低下する．
　②③④ 適切である．

2. コンクリートの強度に関する次の記述のうち，適切なものはどれか．
   ① 引張強度は，圧縮強度の約 1/20〜1/30 である．
   ② 軽量骨材コンクリートでは，乾燥作用が引張強度に及ぼす影響は小さい．
   ③ 付着強度は，ブリーディングの影響を受けない．
   ④ 100万回あるいは200万回疲労強度は，静的破壊強度の約 45〜70% である．

【解　答】　④
【解　説】　① 引張強度は，圧縮強度の約 1/10〜1/13 である．
　② 特に軽量骨材コンクリートでは，乾燥作用が引張強度に及ぼす影響は大きい．
　③ 水平配置された鉄筋下面に，ブリーディングによって脆弱な部分が生じた場合，付着強度は低下する．
　④ 適切である．

3. 変形に関する次の記述のうち，不適切なものはどれか．
   ① 静弾性係数には，初期接線弾性係数，割線弾性係数および接線弾性係数がある．
   ② 持続荷重を受けると，時間の経過とともに，クリープひずみも増大する．
   ③ 乾燥収縮とは乾燥によって硬化したコンクリートが縮む現象であり，一方自己収縮とはセメントと水の水和反応によりコンクリートが縮む現象である．
   ④ コンクリートの熱膨張係数は，鉄筋の熱膨張係数と大きく異なるが，構造上

大きな問題とはならない．

【解　答】　④
【解　説】　①〜③適切である．
　④コンクリートと鉄筋の熱膨張係数はほぼ等しい．したがって，鉄筋コンクリートが成立する．

4．単位水量が増加すると，硬化コンクリートのさまざまな性能に種々の悪影響を及ぼす．これらの悪影響について述べよ．

【解答例】
　単位セメント量が一定で単位水量が増えた場合，硬化コンクリートの強度および耐久性に悪影響を及ぼす．例えば，単位水量が増加すると，コンクリートの強度は低下し，耐荷性能が減ずることとなる．また，単位水量が増加すると，コンクリート中の物質透過性が増加し，塩化物イオン，二酸化炭素および酸素などの浸透が容易となる．その結果，塩害や中性化が誘発され，比較的早期に鉄筋腐食が生じる場合もある．さらに，単位水量が増加すると，乾燥収縮ひび割れが発生しやすくなり，その結果耐久性を減ずる可能性もある．

　一方，水セメント比が一定で単位水量が増えた場合も，硬化コンクリートの耐久性に悪影響を及ぼすことがある．例えば，単位水量が増加すると，乾燥収縮ひび割れが発生しやすくなり，その結果耐久性を減ずる可能性もある．

5．コンクリートの引張強度を増加させると，どのような利点が生ずるか述べよ．

【解答例】
　引張強度は，コンクリートのひび割れ発生に影響を及ぼす．すなわち，引張強度を増加させると，温度ひび割れ，乾燥収縮ひび割れなどが生じにくいコンクリートとなる．その結果，美観が向上され，漏水が抑制され，また耐久性が高まるなどの利点が生じる．

6. 配合設計

　コンクリート製造時のセメント，水，細骨材，粗骨材，混和材料の割合または使用量（コンクリート1m³でのことが多い）のことを配合（mix proportion, 建築では調合）という．また，これを計画し定めることを配合設計という．配合設計について説明を加える．

　配合設計という用語は，「コンクリートに要求される品質（性能）の設定，示方配合を定めるための条件の設定，材料の選定と配合計算，試し練りおよび配合の修正，示方配合の決定と現場配合への補正」を含めた広義の意味で用いられることが多い．なお，狭義には，コンクリートに要求される品質（性能）の設定と配合を定めるための条件が設定された後に「材料の選定と所要の品質および性能を有するコンクリートをつくるための各材料の混合の割合を決定する」という意味にも用いられる．ここでは，広義の意味で述べる．

　本章では，配合設計で考慮すべき性能を整理し，配合条件，材料，配合の決定について述べる．特に設計基準強度から配合強度を求め，配合強度からの水セメント比の定め方，配合の表し方を述べる．また，配合設計例も示してある．さらに，各種配合の考え方も紹介している．

ノート　土木と建築では，同じことをいうのに用語が異なるものがある．配合と調合の他にも，スランプとスランプ値，細骨材率と砂率，スターラップとあばら筋などがある．

6.1 配合設計時に考慮する性能

　よいコンクリートとは，フレッシュな状態では4.1節に示す性能を有し，適切な施工性（作業に適する流動性を有し，均質で材料分離を生じにくい）があ

り，硬化後は，5.1節で示す性能（所要の強度，所要の耐久性あるいは耐久性能など）を有し，かつ経済的なものとされている．上記の要求性能は互いにトレードオフの関係にあるものもある．このトレードオフの影響を受けるものとして単位水量がある．単位水量は，作業の流動性からは多いほうがよいが多すぎると硬化後の諸性能が悪くなるので，一般には作業に適するワーカビリティーの範囲で，これをできるだけ少なくするのがよいとされる．よいコンクリートをつくるための基本を図6.1に示す（注：耐久性と耐久性能の相違については9章を参照）．

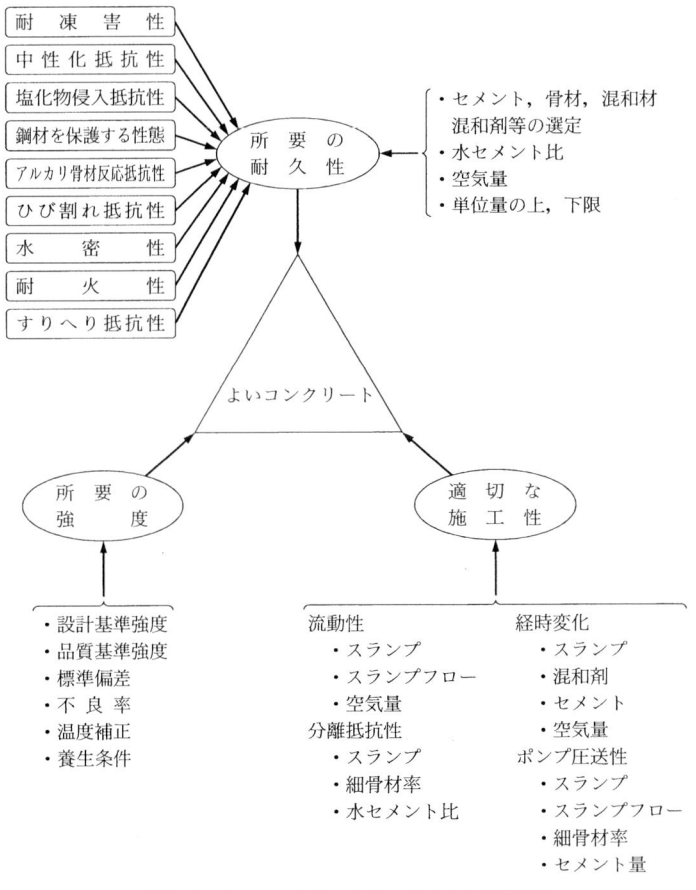

図6.1　よいコンクリートをつくるための基本[1]

6.2 標準的な配合設計の方法

原則的には,どのような方法で配合を決めてもよい.読者が考えた方法でも結果的に前述の要求性能を満たせばよいのである.しかしながら,独自の方法ではなかなかうまくいかないと想像する.ここでは,わが国での経験をもとに,標準的な要求性能を容易に満足できる配合設計の方法を述べる.

6.2.1 一般的な考え方

材料の選定を含む配合設計の一般的な考え方は次のようである.

a. 前提条件の整理

コンクリートの性能を含む配合設計の条件や施工条件を整理する.例えば,コンクリートの用途,設計基準強度,対象とする部材の形状・寸法・位置,打込みの時期,施工方法(機材),予想される運搬時間や施工条件を整理する.

条件によっては,工事時間の制限(鉄道の工事などでは深夜のみ),騒音の制限,さらには材料の制限などがある.工事費の制限が最も厳しいことが多い.

ノート 読者も知ってのとおり,工事費節減のため,コンクリートの値段は叩かれる.ひどい場合には,原料費の合計よりも安い値段に叩かれるという噂もある.どんなコンクリートなのかは,想像外である.あまり,わが国を支える中小企業をいじめるのもいかがなものかと考える.

b. 配合条件の設定

aから,コンクリートの基本的な配合条件を決める.これには,配合強度,スランプ,水セメント比,単位水量,単位セメント量,空気量,単位容積質量(特に,軽量コンクリートの場合)などが含まれる.配合強度は設計基準強度にコンクリートの強度のバラツキを考慮して割り増したものである.

設計基準強度は,設計者が定めればよいのではあるが,通常,無筋コンクリートでは 18 MPa 程度,鉄筋コンクリートでは 24〜30 MPa 程度,プレストレストコンクリートでは 33〜40 MPa 程度とすることが多い.

c. 材料の選定

a,bの条件を満足するようなセメント,骨材および混和材料の種類や品質

(性能) を決める．

近年では，特定の材料（例えば，エコセメント，当地産の粒形の悪い骨材，当地産のフライアッシュなど）を使用することが前提条件となる場合もある．この場合には，材料の選定からスタートしてa, bを考えることとなる．

d．選定した材料の確認

選定した材料の調査や試験を行って，その材料の品質（性能）を確認する．セメントの品質（性能），骨材の比重，吸水率，粒度分布，単位容積質量，混和材料の品質（性能）などは欠かせない項目である．

e．配合強度から定まる水セメント比の決定

bで定めた配合強度を満たす水セメント比を定める．これは一般に試的な方法による．なお，この場合，定められたスランプを持つコンクリートのうち，作業性がよく，また，できるだけ単位水量が少ないと考えられる配合（複数でもよい）をdによる材料の資料さらには標準配合表などを用いて定める．その後，(28日) 強度とセメント水比 (W/C) の関係を検討して，所定の配合強度に対応する水セメント比（1/セメント水比）を求める．

f．水セメント比の決定

eの水セメント比と，a, bなどで施工性，耐久性（耐久性能）や水密性を考慮して求めた水セメント比のうち，最も小さい値とする．

g．配合の仮決定

fによって決まった水セメント比を用いてeの配合を参考として，配合を仮に定める．

h．試し練りおよび示方配合の決定

仮配合について試し練りを行い，コンクリートが施工方法に適したワーカビリティーを持ち，かつ，スランプ，強度，空気量，および単位容積質量などに関し，また，必要に応じてヤング係数，乾燥収縮率，水和熱などがbで定めた配合条件を満足しているか否かを確かめ，必要ならば，配合の修正と試し練りを繰り返して，最終的に示方配合を決定する．

示方配合（建築では計画配合）とは，「所定の品質のコンクリートが得られるような配合（調合）で，仕様書または責任技術者によって指示されたもの．コンクリート練上がり1m³の材料使用量で表す」ものである．この場合，骨材は表面乾燥飽水状態であって，細骨材と粗骨材は5mmで完全に分けられ

ている。

i. 現場配合の決定

現場における骨材の粒度（5 mm できちんと分かれていない）や表面水の状態（湿潤や気乾状態のことが多い），混和剤の使用方法ならびに計量方法を考慮して，示方配合から現場配合を求める．現場配合（調合）とは，「示方配合のコンクリートが得られるように，現場における材料の状態および計量方法に応じて定めた配合」である．

6.2.2 具体的な手順

設計基準強度が与えられた場合の手順の概略を図 6.2 に示す．

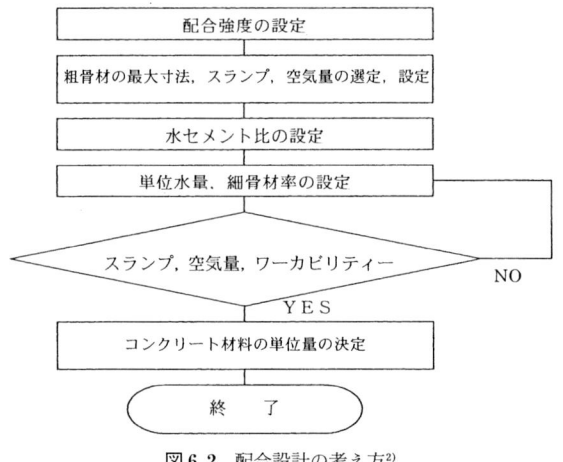

```
        ┌─────────────────────┐
        │   配合強度の設定     │
        └─────────────────────┘
                 ↓
  ┌────────────────────────────────┐
  │ 粗骨材の最大寸法，スランプ，空気量の選定，設定 │
  └────────────────────────────────┘
                 ↓
        ┌─────────────────────┐
        │   水セメント比の設定 │
        └─────────────────────┘
                 ↓
        ┌─────────────────────┐
        │ 単位水量，細骨材率の設定 │
        └─────────────────────┘
                 ↓
      ╱ スランプ，空気量，ワーカビリティー ╲  NO
      ╲                                  ╱ ──→
                 ↓ YES
        ┌─────────────────────┐
        │ コンクリート材料の単位量の決定 │
        └─────────────────────┘
                 ↓
             (  終 了  )
```

図 6.2 配合設計の考え方[2]

a. 配合強度の設定

設計基準強度（f'_{ck}）に，現場におけるコンクリートの強度のバラツキを考慮する割増係数（α）を乗じて配合強度（f'_{cr}）を設定する．すなわち，$f'_{cr} = \alpha f'_{ck}$ とする．一般の現場打ちの場合，α は次のように考えて求める．

強度の試験値（3本1組の供試体の試験の平均値）が f'_{ck} を下回る確率が，5%以下となるように定める．この条件を強度の変動係数 V（%）によって表すと次式となる．また，この関係を図 6.3 に示す．

6.2 標準的な配合設計の方法

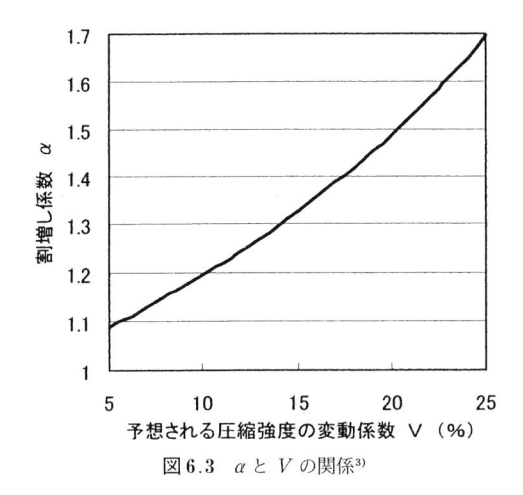

図6.3 αとVの関係[3]

$$\alpha = \frac{1}{1 - \dfrac{1.645\,V}{100}}$$

ノート 設計基準強度，呼び強度，および圧縮強度の特性値

設計基準強度：構造計算において基準とするコンクリートの強度で，構造上必要なものである．

呼び強度：JIS A 5308に規定する強度の区分である．

圧縮強度の特性値：圧縮強度の試験値がこの値を下回る確率がある％（通常5％）以下となる値である．

このように，厳密には各々全く違う定義である．しかし，実用上は同じ値となることが多い（強度の変動係数が10％以下かつ信頼確率5％の場合）．設計者が，安全係数を大きくとる場合や強度のバラツキが大きな場合には，各々の値が異なってくる．

b．粗骨材の最大寸法

構造物の種類，部材の最小寸法，鉄筋のあき，かぶりなどを考慮して決める．土木学会コンクリート標準示方書［施工編］では，

① 粗骨材の最大寸法は，部材最小寸法の1/5，鉄筋の最小あきの3/4およびかぶりの3/4以下とする．

② 粗骨材の最大寸法は表6.1の値を標準とする．

ノート　b では，粗骨材の最大寸法を自由に選定できそうなイメージで述べたが，現実に市販で入手できるのは，最大寸法 20 mm，25 mm と 40 mm のものである．最大寸法 60 mm が配合上最もよい場合でも，残念ながら諦めざるをえない場合が多い．

表6.1　粗骨材の最大寸法[3]

構造物の種類	粗骨材の最大寸法 (mm)
一般の場合	20 または 25
断面の大きい場合	40
無筋コンクリート	40 部材の最小寸法の 1/4 を超えてはならない

c．スランプ

スランプは，運搬，打込み，締固めなど作業に適する範囲内でできるだけ小さく定める．これは，スランプの大きなコンクリートは，材料分離が生じやすく，打込み後のコンクリートが不均一になりやすく，また，単位水量が多いため乾燥収縮なども大きくなるためである．打込み時のスランプは表 6.2 の値を標準とする．なお，この値より大きなスランプが必要な場合には，高性能 AE 減水剤などを用いる必要がある．

表6.2　スランプの標準値[4]

種類		スランプ (cm)	
		通常のコンクリート	高性能 AE 減水剤を用いたコンクリート
鉄筋コンクリート	一般の場合 断面の大きい場合	5～12 3～10	12～18 8～15
無筋コンクリート	一般の場合 断面の大きい場合	5～12 3～8	— —

d．空気量

AE 剤や AE 減水剤を用いて空気量を多くすると，図 6.4 に示すように凍結融解作用に対する抵抗性やワーカビリティーの改善には役立つが，強度の低下を生じる．土木学会コンクリート標準示方書［施工編］では，次のように定めている．

① コンクリートは原則として AE コンクリートとし，その空気量は粗骨材

6.2 標準的な配合設計の方法　　121

の最大寸法，その他に応じてコンクリート容積の4〜7%を標準とする．

②海洋コンクリートの空気量は，表6.3の値を標準とする．

ノート　AEコンクリートとする主目的は，凍害に対する抵抗性を増すためである．このため，凍害のおそれのない国や地域では，この必然性はない．ではあるが，東南アジア諸国などでは，建前上は米国や英国の基準を使用しているので必須ということになっているが，実際には使用していないことが多い．真面目な技術者ほど判断に迷うところである．

e．水セメント比

前節e，fに述べたとおりである．具体的には土木学会コンクリート標準示方書［施工編］では，

①水セメント比は，原則として65%以下とする．

②水セメント比は，コンクリートに求められる強度，変形性能，耐久性(能)，水密性およびその他の性能を考慮し，これらから定まる水セメント比で最小の値を設定する．

(a) 空気量と凍結融解作用に対する抵抗性

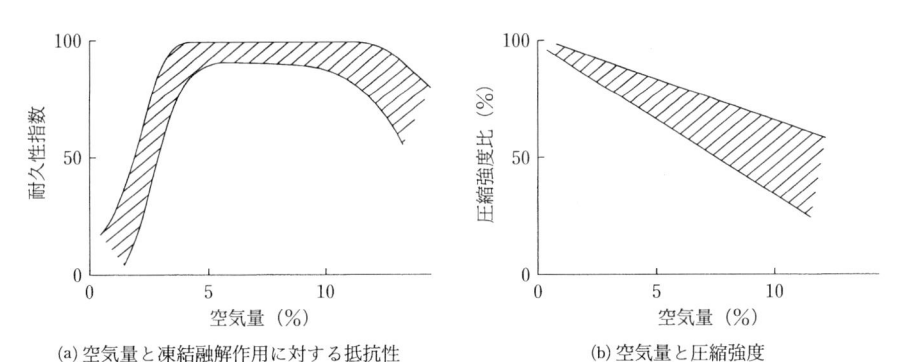

(b) 空気量と圧縮強度

図6.4 空気量がコンクリートの品質に及ぼす影響の概念図[5]

表6.3 海洋コンクリートの空気量の標準値 (%)[4]

種　類		スランプ (cm)	
		25	40
凍結融解作用を受けるおそれのある場合	(a) 海上大気中	5.0	4.5
	(b) 飛沫帯	6.0	5.5
凍結融解作用を受けるおそれのない場合		4.0	4.0

③コンクリートの圧縮強度をもととして水セメント比を定める場合には，その値は次のように定める．「結合材としての効果も期待できる混和材を用いる場合には，セメント量をセメントの質量と混和材の質量の和として考えてもよい（注：この部分はセメント量について以下同じ）」．

ⅰ）圧縮強度と水セメント比との関係は，試験によってこれを定めるのを原則とする．一般的には，試験の材齢は28日を標準とする．

ⅱ）配合に用いる水セメント比は，基準とした材齢におけるセメント水比 (C/W) と圧縮強度 f'_c との関係式において，配合強度 f'_c に対応するセメント水比の逆数とする．

④コンクリートの凍結融解抵抗性をもととして水セメント比を定める場合には，その値は表6.4の値以下とする．良質な混和材を適切に用いる場合には，セメント量をセメントの質量と混和材の質量の和としてよい．

表6.4 コンクリートの凍結融解抵抗性をもととして水セメント比を定める場合におけるAEコンクリートの最大の水セメント比[6]

構造物の露出状態 \ 気象条件 断面	気象作用が激しい場合または凍結融解がしばしば繰返される場合		気象作用が激しくない場合，氷点下の気温となることがまれな場合	
	薄い場合[2]	一般の場合	薄い場合[2]	一般の場合
(1)連続してあるいはしばしば水で飽和される場合[1]	55	60	55	65
(2)普通の露出状態にあり，(1)に属さない場合	60	65	60	65

1) 水路，水槽，橋台，橋脚，擁壁，トンネル覆工等で水面に近く水で飽和される部分および，これらの構造物のほか，桁，床版等で水面から離れてはいるが融雪，流水，水しぶきのため，水で飽和される部分など
2) 断面厚さが20cm程度以下の構造物の部分など

⑤化学的コンクリート腐食作用に対する抵抗性をもととして水セメント比を定める場合には，その値は表6.5を参考に次のように定める．

ⅰ）SO_4^{2-}として0.2%以上の硫酸塩を含む土や水に接するコンクリートに対しては表6.5のうち(c)に示す値以下とする．

ⅱ）融氷剤を用いることが予想されるコンクリートに対しては表6.5のうち(b)に示す値以下とする．

⑥海洋コンクリートでは，耐久性から定まる水セメント比の最大値は表6.5の値を標準とする．なお，AEコンクリートとした無筋コンクリートでは，耐

表 6.5　耐久性から定まる AE コンクリートの最大水セメント比（%）[6]

環境区分＼施工条件	一般の現場施工の場合	工場製品，または材料の選定および施工において，工場製品と同等以上の品質が保証される場合
(a) 海上大気中	45	50
(b) 飛沫帯	45	45
(c) 海　中	50	50

注）　実績，研究成果等により確かめられたものについては，耐久性から定まる最大の水セメント比を表 6.5 の値に 5〜10 加えた値としてよい．

久性から定まる水セメント比（表 6.5）の値に 10 程度加えた値にしてよい．

⑦水密性を要求されるコンクリートでは，水密性から定まる水セメント比の最大値は 55% とする．

f．単位水量

単位水量は，所要のスランプ（コンシステンシー）を得ることができる範囲でできるだけ少なくする．AE 剤，減水剤などの混和剤を使用する場合には，混和剤の種類および使用量によって所要のスランプを得る単位水量が変化する．土木学会コンクリート標準示方書の施工編では以下のようである．

①単位水量は，作業ができる範囲内でできるだけ少なくなるよう，試験によって定める．

②高性能 AE 減水剤を用いたコンクリートの単位水量は，原則として 175 kg/m³ 以下とする．

③単位水量は，一般に表 6.6 の値以下とするのが望ましい．

表 6.6　コンクリートの単位水量の限度の推奨値[7]

粗骨材の最大寸法（mm）	単位水量の上限（kg/m³）
20〜25	175
40	165

④寒中コンクリートおよび暑中コンクリートの単位水量は，所要のワーカビリティーが得られる範囲内で，できるだけ少なく定める．

なお，舗装コンクリートの単位水量は通常 140 kg/m³ 以下であり，ダムコンクリートでは 125 kg/m³ 以下を標準としている．ダムコンクリートなどの寸法の大きな構造物においては，温度応力によるひび割れを防ぐ意味からも，単位水量をできるだけ少なくして，単位セメント量を減じる必要がある．

ノート 同一ワーカビリティーとしたい場合，単位水量は使用する粗骨材の形状や表面性状に大きく影響を受ける．これには地域差が非常に大きい．関東と関西を比較すると，同一条件では関西の単位水量は大きくなる傾向にある．

g．細骨材率

水セメント比と単位水量が定まると単位セメント量（これについては後述）も定まる．さらに，空気量も設定されているので，1 m³のコンクリートをつくるために用いる材料の残りが骨材量となる．この骨材量を，細骨材率 (s/a) によって配分する．細骨材率は，コンクリートの適切なワーカビリティーを得るのにきわめて重要な要素であり，一般的には，細骨材率が不適切であれば，硬化したコンクリートによくない結果をもたらす．土木学会コンクリート標準示方書［施工編］では次のようである．

① 細骨材率は，所要のワーカビリティーが得られる範囲内で単位水量が最小になるよう，試験により定める．

② 細骨材率の設定の代わりに単位粗骨材容積を設定してもよい．この場合でも，単位粗骨材容積は，所要のワーカビリティーが得られる範囲内で単位水量が最小になるよう，試験により定めるものとする．

③ 細骨材率または単位粗骨材容積の設定には表6.7を参考にするとよい．

h．混和材量の単位量

土木学会コンクリート標準示方書［施工編］では，「混和材料の単位量は，所要の効果が得られるように定める」とされる．例えば，単位AE剤量は，所要の空気量が得られるように，試し練りによって定めるとよい．

i．単位セメント量

前述のように，単位セメント量は単位水量と水セメント比より定まる．しかしながら，単位セメント量は，微粒子としてフレッシュ時のコンクリートの流動性や材料分離抵抗性に寄与すること，また，硬化過程においては発熱体となることなどから，構造物に応じて標準値あるいは最小や最大値が示されている．土木学会コンクリート標準示方書［施工編］では以下のようである．

① 単位セメント量は，原則として単位水量と水セメント比とから定める．

② 単位セメント量に下限あるいは上限が定められている場合には，これらの規定を満足させなければならない．

6.2 標準的な配合設計の方法

表6.7 コンクリートの単位粗骨材容積，細骨材および単位水量の概略値[7]

粗骨材の最大寸法 (mm)	単位粗骨材容積 (%)	空気量 (%)	AEコンクリート			
			AE剤を用いる場合		AE減水剤を用いる場合	
			細骨材率 s/a (%)	単位水量 W (kg)	細骨材率 s/a (%)	単位水量 W (kg)
15	58	7.0	47	180	48	170
20	62	6.0	44	175	45	165
25	67	5.0	42	170	43	160
40	72	4.5	39	165	40	155

(1) この表に示す値は，全国の生コンクリート工業組合の標準配合などを参考にして決定した平均的な値で，骨材として普通の粒度の砂（粗粒率2.80程度）および砕石を用い，水セメント比0.55程度，スランプ約8cmのコンクリートに対するものである。
(2) 使用材料またはコンクリートの品質が(1)の条件と相違する場合には，上記の表の値を下記により補正する。

区　分	s/aの補正（%）	Wの補正
砂の粗粒率が0.1だけ大きい（小さい）ごとに	0.5だけ大きく（小さく）する	補正しない
スランプが1cmだけ大きい（小さい）ごとに	補正しない	1.2%だけ大きく（小さく）する
空気量が1%だけ大きい（小さい）ごとに	0.5～1だけ小さく（大きく）する	3%だけ小さく（大きく）する
水セメント比が0.05大きい（小さい）ごとに	1だけ大きく（小さく）する	補正しない
s/aが1%大きい（小さい）ごとに	—	1.5kgだけ大きく（小さく）する
川砂利を用いる場合	3～5だけ小さくする	9～15kgだけ小さくする

なお，単位粗骨材容積による場合は，砂の粗粒率が0.1だけ大きい（小さい）ごとに単位粗骨材容積を1%だけ小さく（大きく）する．

③ 暑中コンクリートの単位セメント量は，所要の強度およびワーカビリティーが得られる範囲内で，できるだけ少なく定める．

④ マスコンクリートの単位セメント量は，所要の性能が得られる範囲内で，できるだけ少なく定める．

⑤ 海洋コンクリートの単位セメント量は，所要の耐久性が得られるように，

表6.8 耐久性から定まるコンクリートの最小の単位セメント量[8]

環境区分	粗骨材の最大寸法 25 (mm)	40 (mm)
飛沫帯および海上大気中	330	300
海　　中	300	280

表6.8を参考に定める．

j．配合試験

以上で求めた配合のコンクリートが，所要のワーカビリティー，スランプ，空気量，圧縮強度，さらに必要に応じてヤング係数，乾燥収縮率，水和熱を有するものであるかどうかを確かめるため，現場配合に換算して各材料を計量し，所定のミキサを用いて実際の施工条件に近い状態で試し練りを行う．

この結果，コンクリートの品質（性能）が所要のものと異なる場合は，各材料の単位量を修正して再計算し，試し練りを繰り返して，示方配合を定める．

k．示方配合から現場配合へ

示方配合を現場配合に直すには，5 mmふるいにとどまる現場での細骨材の割合，5 mmふるいを通過する現場での粗骨材の割合，細骨材の表面水率，粗骨材の表面水率，混和剤溶液中の水の割合等を試験し，練り上がったコンクリートの材料組成の割合が示方配合と同じになるよう注意しなければならない．

現場配合を求める場合には，まず，骨材が表面乾燥飽水状態にあると仮定して，5 mmふるい通過分と残留分に対する補正を行う．この補正のみを行った場合に，現場で計量すべき細骨材の質量（S'）および粗骨材の質量（G'）は，次式で計算される．

$$S' = \frac{100S - k(S + G)}{100 - (j + k)}$$

$$G' = \frac{100G - j(S + G)}{100 - (j + k)}$$

（注：SおよびGは，示方配合における細骨材および粗骨材の単位量あるいはそれら単位量を現場でのバッチの大きさに換算した質量である．ここでは，簡単のため単位量で考える．また，jは現場の細骨材中において5 mmふるいにとどまる部分の割合（％），kは現場の粗骨材中において5 mmふるいを通過する部分の割合（％）を表す．）

次に，現場の骨材の表面水率に応じた補正を行う．

現場での細骨材の中で5 mmふるいを通過するものの表面水率をh_{11}％，5 mmふるいにとどまるものの表面水率をh_{12}％，さらに，現場での粗骨材の中で5 mmふるいにとどまるものの表面水率をh_{21}％，5 mmふるいを通過するものの表面水率をh_{22}％とすると，実際計量すべき現場細骨材量S''，粗骨材量

G'' は，各々次式で求められる．

$$S'' = \left\{1 + \left(1 - \frac{j}{100}\right)\frac{h_{11}}{100} + \frac{j}{100}\frac{h_{12}}{100}\right\}S'$$

$$G'' = \left\{1 + \frac{k}{100}\frac{h_{21}}{100} + \left(1 - \frac{k}{100}\right)\frac{h_{22}}{100}\right\}G'$$

混和剤を，r％水溶液として，H kg 使用する場合には，次式で計算される Q kg が練り混ぜ水の一部になる．

$$Q = \left(1 - \frac{r}{100}\right)H$$

現場配合に示される水量（W'）は，示方配合の値を，上述した骨材の含水状態と混和剤溶液の濃度に応じた水量を補正して求める．すなわち，

$$W' = W + (S' - S'') + (G' - G'') - Q$$

また，混和剤原液の容積は通常無視している．

以上の3つを求めることで示方配合を現場配合に修正することができる．

6.2.3 配合の表し方

配合の表し方にもいろいろあるが，土木学会コンクリート標準示方書［施工編］では以下のようである．

① 示方配合の表し方は，一般に表6.9によるものとする．

表6.9 示方配合の表し方[9]

粗骨材の最大寸法 (mm)	スランプ (cm)	水セメント比[1] W/C (%)	空気量 (%)	細骨材率 s/a (%)	単位量 (kg/m³)				粗骨材 G		混和剤 Ad
					水 W	セメント C	混和材 F	細骨材 S	mm〜mm	mm〜mm	

1) ポゾラン反応や潜在水硬性を有する混和材を使用するとき，水セメント比は水結合材比とする．
2) 同種類の材料を複数種類用いる場合は，それぞれの欄を分けて表す．
3) 混和剤の使用量は，ml/m³ または g/m³ で表し，薄めたり溶かしたりしないものを示すものとする．

② 示方配合は，細骨材は 5 mm ふるいを全部通るもの，粗骨材は 5 mm ふるいに全部とどまるものであって，ともに表面乾燥飽水状態であるとしてこれを示す．

③ 示方配合を現場配合に直すときには，骨材の含水状態，5 mm ふるいに

とどまる細骨材の量，5 mm ふるいを通る粗骨材の量および混和剤の希釈水量などを考慮するものとする．

6.2.4 配合設計例と試し練りの実際

a．コンクリートの具体的な配合設計例

1） 示方配合の設計条件　示方配合を設計するにあたり，コンクリートの品質および使用材料などから与えられた条件を，表6.10とする．

表 6.10　示方配合を設計する際に与えられた条件

項　目	条　件
水セメント比	50%
スランプ	8.0 cm
空気量	4.0%
セメント	密度 = 3.16 g/cm³
細骨材	粗粒率 = 2.59，密度 = 2.6 g/cm³
粗骨材	最大寸法 = 20 mm，密度 = 2.65 g/cm³，砕石
混和剤	AE剤，セメント質量に対して 0.4% を混和

2） 空気量，細骨材率および単位水量の概略値の決定　表6.7より，細骨材率および単位水量の概略値を決定する．粗骨材の最大寸法は 20 mm，かつ AE 減水剤を用いることから，細骨材率の概略値は 45% となり，単位水量の概略値は 165 kg/m³ となる．

3） 細骨材率の粗粒率による補正　表6.7に示す概略値は，普通の粒度の細骨材（粗粒率は 2.80 程度）を用いる場合を対象としている．一方，ここで用いる砂の粗粒率は 2.59 である．したがって，表6.7に基づき補正する．

$$s/a = 45 - (2.80 - 2.59) \div 0.1 \times 0.5 = 43.95$$
$$W = 165 \quad (\because \text{補正しない})$$

よって，細骨材率は 43.95% となり，単位水量は 165 kg/m³ となる．

4） スランプによる補正　表6.7に示す概略値は，スランプが約 8 cm のコンクリートを対象としている．同様に，ここで対象とするコンクリートのスランプも 8 cm である．したがって，補正しないので，細骨材率は 43.95% となり，単位水量は 165 kg/m³ となる．

5） 空気量による補正　表6.7に示す概略値によれば，空気量は 6.0%

のコンクリートが対象となる．一方，ここで対象とするコンクリートの空気量は 4.0% である．したがって，表 6.7 に基づき補正する．

$$s/a = 43.95 + (6-4) \div 1 \times 0.75 = 45.45$$
$$W = 165 \times \{1 + (6-4) \div 1 \times 0.03\} = 174.9$$

よって，細骨材率は 45.45% となり，単位水量は 174.9 kg/m³ となる．

6）水セメント比による補正 表 6.7 に示す概略値によれば，水セメント比が 55% のコンクリートを対象としている．一方，ここで対象とするコンクリートの水セメント比は 50% である．したがって，表 6.7 に基づき補正する．

$$s/a = 45.45 - (0.55 - 0.5) \div 0.05 \times 1 = 44.45$$
$$W = 174.9 \quad (\because \text{補正しない})$$

よって，細骨材率は 44.45% となり，単位水量は 174.9 kg/m³ となる．

7）細骨材率による補正 表 6.7 に示す概略値によれば，細骨材率が 45% のコンクリートを対象としている．一方，ここまでの補正により，対象とするコンクリートの細骨材率は 44.45% となった．したがって，表 6.7 に基づき補正する．

$$s/a = 44.45 \quad (\because \text{補正しない})$$
$$W = 174.9 - (45 - 44.45) \div 1 \times 1.5 = 174.1$$

よって，細骨材率は 44.45% となり，単位水量は 174.1 kg/m³ となる．

8）粗骨材の種類による補正 表 6.7 に示す概略値は，砕石を用いたコンクリートを対象としている．同様に，ここで対象とするコンクリートの粗骨材種類も砕石である．したがって，補正しないので，細骨材率は 44.45% となり，単位水量は 174.1 kg/m³ となる．

9）単位水量の決定 以上により，表 6.7 に示すすべての補正が終了した．これにより，単位水量は 174 kg/m³ と決定される．

10）単位セメント量の決定 水セメント比は，50% である．したがって，単位水量が 174 kg/m³ であることから，単位セメント量を求める．

$$C = 174 \div 0.5 = 348$$

よって，単位セメント量は 348 kg/m³ となる．

11）単位細骨材量の決定 水の密度は 1 g/cm³ とし，コンクリートの単位体積中に含まれる水の体積を求める．

$$174 \div 1 \div 1000 = 0.174$$

よって，水の体積は 0.174 m³ となる．

次に，コンクリートの単位体積中に含まれるセメントの体積を求める．

$$348 \div 3.16 \div 1000 = 0.110$$

よって，セメントの体積は 0.110 m³ となる．

また，空気量は 4% である．よって，コンクリートの単位体積中に含まれる空気の体積は 0.04 m³ となる．

したがって，コンクリートの単位体積中に含まれる水，セメントおよび空気の体積は，図 6.5 に示すとおりである．

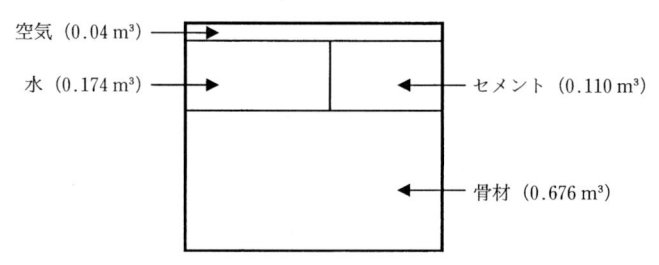

```
空気（0.04 m³）  →
水（0.174 m³）   →           ←  セメント（0.110 m³）

                             ←  骨材（0.676 m³）
```

図 6.5　コンクリート 1 m³ 中に含まれる各材料の体積

したがって，全骨材の体積は，次式で求まる．

$$1 - (0.174 + 0.110 + 0.04) = 0.676$$

よって，コンクリートの単位体積中に含まれる全骨材の体積は，0.676 m³ となる．

8) までの補正により，細骨材率は 44.45% となった．したがって，細骨材の体積は，次式で求まる．

$$0.676 \times 0.4445 = 0.300$$

よって，コンクリートの単位体積中に含まれる細骨材の体積は，0.300 m³ となる．したがって，細骨材の単位量は，次式で求まる．

$$S = 0.300 \times 2.6 \times 1000 = 780$$

よって，単位細骨材量は 780 kg/m³ となる．

12）　単位粗骨材量の決定　全骨材の体積から細骨材の体積を減ずることにより，粗骨材の体積を求める．

$$0.676 - 0.300 = 0.376$$

よって，コンクリートの単位体積中に含まれる粗骨材の体積は，0.376 m³ と

6.2 標準的な配合設計の方法

なる．したがって，粗骨材の単位量は，次式で求まる．

$$G = 0.376 \times 2.65 \times 1000 = 996$$

よって，単位粗骨材量は 996 kg/m³ となる．

13) 単位混和剤量の決定　セメント質量に対して 0.4% の AE 減水剤を混和する．

$$Ad = 348 \times 0.004 = 1.392$$

よって，AE 減水剤は 1.392 kg/m³ となる．

14) 示方配合表の作成　以上の計算結果をもとに，示方配合表を作成する（表 6.11）．

表 6.11　示方配合表

粗骨材の最大寸法 (mm)	スランプ (cm)	水セメント比 W/C (%)	空気量 (%)	細骨材率 s/a (%)	単位量 (kg/m³)				
					水 W	セメント C	細骨材 S	粗骨材 G	混和剤 Ad
20	8.0	50	4.0	44.45	174	348	780	996	1.392

15) 現場配合の設計条件　14) の示方配合をもとに，現場配合を設計する．ここで，現場において使用する材料から与えられた条件は，表 6.12 とする．

表 6.12　現場配合を設計する際に与えられた条件

項　目	条　　件
細骨材	5 mm ふるいに留まる現場での細骨材の割合＝5% （現場での細骨材の）表面水率＝0.5%　（$h_{11} = h_{12} = 0.5\%$）
粗骨材	5 mm ふるいを通過する現場での粗骨材の割合＝1% （現場での粗骨材の）表面水率＝－1%　（$h_{21} = h_{22} = 0.5\%$）
混和剤	希釈水溶液中の混和剤濃度＝10%

16) 骨材量による補正　骨材が表面乾燥湿潤状態にあると仮定して，5 mm ふるい通過分と残留分に対する補正を行う．現場で計量すべき細骨材量および粗骨材量は，次式で求まる．

$$S' = \frac{100 \times 780 - 1(780 + 996)}{100 - (5 + 1)} = 811$$

$$G' = \frac{100 \times 996 - 5(780 + 996)}{100 - (5 + 1)} = 965$$

よって，単位細骨材量は 811 kg/m³ となり，単位粗骨材量は 965 kg/m³ となる．

17) 表面水率による補正　現場の骨材の表面水率に応じた補正を行う．現場で計量すべき細骨材量および粗骨材量は，次式で求まる．

$$S'' = \left\{1 + (1 - 0.05)\frac{0.5}{100} + 0.05\frac{0.5}{100}\right\}811 = 815$$

$$G'' = \left\{1 + 0.01\frac{-1}{100} + (1 - 0.01)\frac{-1}{100}\right\}965 = 955$$

よって，単位細骨材量は 815 kg/m³ となり，単位粗骨材量は 955 kg/m³ となる．

18) 混和剤量の補正　現場で使用する混和剤の希薄水溶液の濃度に応じた補正を行う．現場で計量すべき混和剤量は，次式で求まる．

$$Ad' = 1.392 \div 0.1 = 13.92$$

よって，混和剤量は 13.92 kg/m³ となる．

19) 単位水量の補正　細骨材および粗骨材の表面水率および混和剤の希薄水溶液中に含まれる水量に応じた補正を行う．現場で計量すべき水量は，次式で求まる．

$$W' = 174 + (811 - 815) + (965 - 955) - (1 - 0.1)13.92 = 167$$

よって，単位水量は 167 kg/m³ となる．

20) 現場配合表の作成　以上の計算結果をもとに，現場配合表を作成する（表 6.13）．

表6.13　現場配合表

粗骨材の最大寸法 (mm)	スランプ (cm)	水セメント比 W/C (%)	空気量 (%)	細骨材率 s/a (%)	単位量 (kg/m³)				
					水 W	セメント C	細骨材 S	粗骨材 G	混和剤 Ad
20	8.0	50	4.0	44.45	167	348	815	955	13.92

21) 試し練りおよび配合調整　表 6.13 の現場配合表をもとに，試し練りを行い，スランプおよび空気量を確かめる．

b．試し練りの例

以下，筆者らの大学（東京工業大学）実験室での試し練りの例を示す．
この例で，練混ぜに用いるコンクリートの量は 30 l とする．

6.2 標準的な配合設計の方法

[第1バッチ]

1バッチの量が30 l であるので，表6.13より各材料の使用量は以下のとおりとなる．

$W = 167 \times 30/1000 = 5.01 \text{ kg}$

$C = 348 \times 167 \times 30/1000 = 10.44 \text{ kg}$

$S = 815 \times 30/1000 = 24.45 \text{ kg}$

$G = 167 \times 30/1000 = 28.65 \text{ kg}$

$Ad' = 0.418 \text{ kg}$

水平二軸ミキサ（厳密には，水平二軸形強制練りミキサ）を用いた場合の各材料の投入順序は以下のとおりである．

まず，ミキサ，スコップなどのコンクリートの作製に必要な機材の表面が湿っていることを確認する．次に，計量した砂の半分をミキサ内に投入し，底面が見えなくなるように砂をならす．そして，セメントの全量を砂の上に投入する．その後，残りの砂をセメントの上に投入する．このように砂によりセメントを挟むことで，セメントがミキサの側面に付着することを防ぐ．

上記のように砂とセメントをミキサ内に投入した状態で30秒間練混ぜを行う．この際，練混ぜ開始時の振動により，セメントの微粒分が飛散しないよう，初めの15秒程度はミキサにふたをする．30秒間の練混ぜが終了したら，ミキサを停止せず次の30秒間でゆっくりと水を投入する．この際，水がミキサのはねや側面に付着することを防ぐ．30秒間で水を投入後，ミキサを停止する．そして，ミキサ内の材料をスコップやへらを用いて攪拌する．この際，ミキサの底部に練混ぜ不十分なセメントや砂がたまっている場合があるので，それらを十分練混ぜる．十分練混ざったことを確認して，粗骨材を投入する．その後，2分間練混ぜを行い，コンクリートをミキサから排出する．

排出したコンクリートをスコップなどで手練りを行い十分練混ざっていることを確認する．そして，速やかにスランプ試験，空気量試験を行い，スランプ，空気量を測定する．

[第2バッチの配合調整]

試し練りの結果，スランプ3.0 cm，空気量2.0%となったとする．これらの値はいずれも目標値となっていないため，補正を行う必要がある．以下に補正の方法を示す．

でき上がったコンクリートの量および単位水量は以下のように計算される．

コンクリートの量 $= 30 \times (1-0.040)/(1-0.020) = 29.39\,l$

単位水量 $= 5.22/29.39 \times 1000 = 178\,\text{kg/m}^3$

第2バッチの単位水量は，スランプに対する補正として，

$$W = 178 \times \{1 + 0.012 \times (8 - 3)\} = 188.68\,\text{kg/m}^3$$

空気量に対する補正として，

$$W = 188.68 \times \{1 + 0.03 \times (2.0 - 4.0)\} = 177\,\text{kg/m}^3$$

となる．

細骨材率は，空気量に対する補正として，次のようになる．

$$s/a = 44.45 + \{(2.0 - 4.0) \times 0.75\} = 42.95\%$$

AE減水剤を用いないときの空気量を1.2%とすれば，4.0%の空気量を得るためには内挿法により，AE減水剤の量は以下のように計算される．

$$Ad' = (1.392 - 0) \times (4.0 - 1.2)/(2.0 - 1.2) = 4.87\,\text{kg/m}^3$$

したがって，試し練り後の示方配合表は上記の値と10)～12)に示した手順を行うことにより，表6.14のようになる．

表6.14 試し練り後の示方配合表

粗骨材の最大寸法 (mm)	スランプ (cm)	水セメント比 W/C (%)	空気量 (%)	細骨材率 s/a (%)	単位量 (kg/m³)				
					水 W	セメント C	細骨材 S	粗骨材 G	混和剤 Ad
20	8.0	50	4.0	42.95	177	354	749	1015	4.87

表6.14の示方配合表を用い，15)～20)に示した手順により再び現場配合表を作成し，試し練りによりスランプ，空気量を再確認する．目標値となれば，これを示方配合とする．しかしながら，目標値とならないようであれば，再度配合の調整を行う．

6.3　コンクリートの性能照査

一般的には，6.2節での強度の照査を主体とした配合設計でよいが，近年では強度以外に主として耐久性能に関係する性能照査も行われる．

ここでは，これに関する土木学会コンクリート標準示方書［施工編］の本文（6章コンクリートの配合設計　6.4コンクリートの性能照査），目次を紹介

6.3 コンクリートの性能照査　　135

し，若干のコメントを述べる．詳細は［施工編］6.4の本文をぜひ参照してほしい．

2002年制定『コンクリート標準示方書［施工編］』
6.4　コンクリートの性能照査
6.4.1　総則
　選定した材料と配合によるコンクリートが，要求されている性能を満足することを確認しなければならない．
6.4.2　強度の照査
6.4.3　中性化速度係数の照査
6.4.4　塩化物イオンに対する拡散係数の照査
6.4.5　相対弾性係数の照査
6.4.6　耐化学的侵食性の照査
6.4.7　耐アルカリ骨材反応性の照査
6.4.8　透水係数の照査
6.4.9　耐火性
6.4.10　断熱温度上昇特性の照査
6.4.11　乾燥収縮特性の照査
6.4.12　凝結特性の照査

［目次に対するコメント］
　6.4.1：この記述は，性能規定型の示方書であることから当然である．性能を確認する方法としては，現段階では，試験によって照査する方法や，従来の実績から類推する方法が多い．
　一般に，製造時のコンクリートに要求される性能を満足させるのは容易であるが，現場施工中の要求性能，さらには長期の耐久性能に関連する性能を過不足なく十分に満足させるのはきわめて難しい．
　6.4.2：この内容は，当然ではあるが本書6.2.1と全く同じ内容である．
　これも現場での強度を保証するためには，現場の条件をどの程度正確に把握できるかが大きな問題である．
　6.4.3：中性化速度係数も，コンクリートの施工条件，環境条件によって大きく影響を受ける．当面，土木学会の式を準用するのがよいが，現場での測定

を地道に積み重ねる必要がある．

6.4.4：この拡散係数も，現場の条件による影響を大きく受ける．地道な調査・測定を積み重ねる必要がある．

6.4.5：凍結融解抵抗性を相対動弾性係数で代用するものである．

この照査だけでは，定量的な耐久年数の予想はできない．中性化や塩害の定量的なレベルに達するには，さらなる調査・研究が必要である．

表6.15 コンクリートの所要の相対動弾性係数を満足するための最大水セメント比（％）[10]

構造物の露出状態	気象条件　断面	気象作用が激しい場合または凍結融解がしばしば繰返される場合		気象作用が激しくない場合，氷点下の気温となることがまれな場合	
		薄い場合[2]	一般の場合	薄い場合[2]	一般の場合
(1)連続してあるいはしばしば水で飽和される場合[1]		55 (85)	60 (70)	55 (85)	65 (60)
(2)普通の露出状態にあり，(1)に属さない場合		60 (70)	65 (60)	60 (70)	65 (60)

1) 水路，水槽，橋台，橋脚，擁壁，トンネル覆工等で水面に近く水で飽和される部分および，これらの構造物のほか，桁，床版等で水面から離れてはいるが融雪，流水，水しぶきのため，水で飽和される部分など
2) 断面厚さが20 cm程度以下の構造物の部分など

6.4.6：化学的侵食作用には種々のものがあり，一概に論ずるには非常に難しい面もある．凍害よりもさらに難しい．

表6.16 耐化学的侵食性を確保するための最大水セメント比（％）[11]

劣化環境	最大水セメント比
SO_4として0.2％以上の硫酸塩を含む土や水に接する場合	50
凍結防止剤を用いる場合	45

注：実績，研究成果等により確かめられたものについては，表の値に5〜10を加えた値としてよい．

6.4.7：これも凍害以上に難しい．環境条件の影響が大きく，有害な反応が起こるか否かについての判断も難しい．

6.4.8：水密性に関するものである．この水密性を確保する前に，ひび割れの発生を抑制しないことには意味のない照査となる．

6.4.9：一般の土木構造物ではあまり問題とならなかったが，一部のトンネルなどで航空燃料を積載したローリーが考えられる場合には検討が必要である．

6.4.10：大型の構造物が増加し，かつ，単位セメント量の多いコンクリートとなる場合が多いので，従来にもまして断熱温度上昇特性の把握は，温度ひび割れ抑制の観点から必要となってきている．

6.4.11：ひび割れの中で最も発生しやすいのが，乾燥収縮によるものである．特に，養生が重要である．

6.4.12：わが国の通常の条件で施工する場合には，ほとんど問題がない．

6.4　種々の配合の考え方

本書6.2節の土木学会の方法（考え方）の他にも種々の考え方がある．

6.4.1　日本建築学会の考え方

基本的には，土木と同じであるが，2つの特徴がある．

① できるだけ居住空間を広く取るという要望から，建築部材は大きさや断面は可能なかぎり小さくすることとなる．したがって，構造フレームが複雑に入り組んだものから，配筋が過密なものが多い．このため，コンクリートのコンシステンシーとして特に軟らかいものが要求される．

② 構造物コンクリートの強度を満たすよう設計基準強度を定める．これには，気温補正なども含まれる．

6.4.2　各種の考え方

他にも，配（調）合設計については，古くから多くの理論や方法が提案されている．代表的なものを簡単に紹介する．

a．粒度曲線による方法

1907年に，FullerとThompsonは，最も密実なコンクリートをつくるための骨材の粒度分布を提案した．この曲線は，細粒の骨材がやや少ない粒度分布を示す．

1932年にLyseは，骨材の粒度が一定の場合，同一のコンシステンシーのコンクリートはほぼ一定の単位水量になるという単位水量一定の法則を明らかにした．

1936年にFeretは，これらの考えを統一して，骨材とセメントを混合した

ものの粒度分布としては，次式に合うような配合を定める方法を提案した．

$$P = A + (100 - A)\sqrt{\frac{d}{D}}$$

ここで，
 P：ふるいを通過する率（％）
 A：骨材とセメントを合計したものにおけるセメントの絶対容積（％）
 d：ふるい目の大きさ（mm）
 D：骨材の最大寸法（mm）

b． 骨材の粗粒率による方法

1918年にAbramsが発表した配合方法は，骨材の粗粒率に基づくものである．すなわち，彼の次に示す水セメント比と強度との関係式から，まず水セメント比を定め，次にコンクリートの施工条件に応じた細骨材と粗骨材の混合骨材についての許容しうる最大の粗粒率を求め，この粗粒率に合うように，細骨材と粗骨材の割合を決めることを骨子としている．単位水量も混合骨材の粗粒率などから求められる．

$$F = \frac{A}{B^x}$$

ここで，
 F：コンクリートの圧縮強度
 x：水セメント比
 A, B：定数（セメントの品質や試験方法などによって変わる）

この粗粒率を用いる方法は若干形を変えて，現在のわが国の方法などにかなり広く用いられている．

c． 骨材のかさ容積による方法

1921年にTalbotおよびRichartは，コンクリート単位容積中の粗骨材のかさ容積に相当する値を指標とした配合設計法を発表した．これは，粗骨材の空隙率を配合設計の基本とした方法である．1942年にGoldbeckおよびGrayはこの考え方を実用に適した形にまとめた．この方法は，細骨材の粒度に対応して，スランプや水セメント比に関係なく，コンクリート中の粗骨材のかさ容積を一定の標準値にとることができるのが特徴である．

この方法においては，実績率の小さい粒形の不良な粗骨材を用いる場合，実

積率の大きな骨材と同一のかさ容積とするので当然空隙が相対的に多くなり，その結果モルタル量が増えることとなる．これにより，コンクリートのワーカビリティーは，粗骨材の粒形にかかわらずほぼ一定になるという利点がある．

d．その他の方法

この他，骨材の表面積に基づく配合方法，フランスで発達している骨材の不連続粒度理論による方法などがある．

◆演習問題◆

1．一般的なコンクリートを得るために必要な条件のうち，適切なものはどれか．
① 最大寸法の大きな粗骨材を用いる場合には，単位水量を大きくする．
② スランプが大きいコンクリートを得るためには，単位水量を小さくする．
③ 空気量が小さいコンクリートを得るためには，細骨材率を小さくする．
④ 川砂利を用いる場合には，単位水量を小さくする．

【解　答】　④
【解　説】　① 表6.7に基づき，粗骨材の最大寸法を考慮して，細骨材率および単位水量の概略値を決定する．このとき，粗骨材の最大寸法が大きい場合には，単位水量を小さくするよう指示されている．したがって，不適切である．

② 表6.7に基づき，スランプの目標値を考慮して，単位水量を補正する．このとき，スランプが1cm大きいコンクリートを作製するのであれば，単位水量を1.2%大きくするように指示されている．したがって，スランプが大きいコンクリートを得るためには，単位水量を大きくするので，不適切である．

③ 表6.7に基づき，空気量の目標値を考慮して，細骨材率を補正する．このとき，空気量が1%小さいコンクリートを作製するのであれば，細骨材率を0.5～1大きくするように指示されている．したがって，空気量が小さいコンクリートを得るためには，細骨材率を大きくするので，不適切である．

④ 表6.7に基づき，粗骨材の種類を考慮して，単位水量を補正する．このとき，川砂利を用いてコンクリートを作製するのであれば，単位水量を9～15kg小さくするように指示されている．したがって，適切である．

2．コンクリートの品質や使用材料の基本特性を考慮して設計された示方配合がある．これをもとに現場配合を設計する際に考慮すべき点として，不適切なもの

はどれか．
① 使用する細骨材の含水率を考慮して，単位細骨材量および単位水量を修正する．
② 使用する混和剤の希釈水量を考慮して，単位水量を修正する．
③ 使用する粗骨材の 5 mm ふるい通過率を考慮して，単位細骨材量および単位粗骨材量を修正する．
④ 使用するセメントの密度を考慮して，粗骨材の最大寸法を修正する．

【解　答】　④
【解　説】　① 示方配合では，細骨材の含水状態は表面乾燥飽水状態であると仮定して，設計される．一方現場配合は，現場で使用する細骨材の含水状態に応じて，補正する．そのとき，細骨材の含水状態が，湿潤状態であれば，単位細骨材量を大きくし，単位水量を小さくする．また，空気中乾燥状態であれば，単位細骨材量を小さくし，単位水量を大きくする．したがって，適切である．

② 示方配合では，混和剤は体積を無視できる無希釈の原液であると仮定して，設計される．一方現場配合は，現場で使用する混和剤の希釈程度に応じて，補正する．そのとき，希釈のため混和剤中に含まれた水量を，単位水量から減じる．したがって，適切である．

③ 示方配合では，粗骨材はすべて 5 mm ふるいにとどまると仮定して，設計される．一方現場配合は，現場で使用する粗骨材の粒度分布に応じて，補正する．そのとき，5 mm ふるいを通過する粗骨材は細骨材として扱うため，単位粗骨材量を大きくし，単位細骨材量を小さくする．したがって，適切である．

④ 示方配合を設計するとき，まずはじめに粗骨材の最大寸法を考慮して，表 6.7 により，細骨材率および単位水量の概略値を決定する．また，セメントの密度を考慮して，単位骨材量が決定される．すなわち，セメントの密度および粗骨材の最大寸法は，示方配合を設計する際に考慮する必要があるので，不適切である．

3. 下に示す示方配合表に関して，細骨材率，単位セメント量および単位粗骨材量の組合せとして，適切なものはどれか．ただし，セメント，細骨材および粗骨材の密度は，3.16 g/cm³，2.6 g/cm³ および 2.65 g/cm³ とする．

【解　答】　④
【解　説】　水セメント比が 50% であることから，単位セメント量が計算できる．
$$174 \div 0.5 = 348 \quad (kg/m^3)$$

粗骨材の最大寸法 (mm)	スランプ (cm)	水セメント比 (%)	空気量 (%)	細骨材率 (%)	単位量 (kg/m³)			
					水	セメント	細骨材	粗骨材
20	8.0	50	4.0		174		780	

	細骨材率 (%)	単位セメント量 (kg/m³)	単位粗骨材量 (kg/m³)
①	39.58	87	1214
②	41.90	348	1102
③	43.92	348	996
④	44.38	348	996

コンクリート1m³中に占める全骨材の体積を求める．
$$1-(174\div1.0\div1000+348\div3.16\div1000+0.04)=0.676\ (\mathrm{m}^3)$$
したがって，細骨材率は，次のとおりである．
$$(780\div2.6\div1000)\div0.676\times100=44.38\ (\%)$$
全骨材の体積から，細骨材の体積を減じて，粗骨材の体積を求める．
$$0.676-780\div2.6\div1000=0.376\ (\mathrm{m}^3)$$
したがって，単位粗骨材量は，次のとおりである．
$$0.376\times1000\times2.65=996\ (\mathrm{kg/m}^3)$$

4．下表に示す示方配合表をもとに，現場配合を決定する．現場において使用する骨材の含水率は，細骨材について−0.5%，粗骨材について＋0.5%である．また，5mmふるいにとどまる細骨材は4%，5mmふるいを通過する粗骨材は6%である．このとき，現場配合の単位水量，単位細骨材量および単位粗骨材量として適切な組合せはどれか．

粗骨材の最大寸法 (mm)	スランプ (cm)	水セメント比 (%)	空気量 (%)	細骨材率 (%)	単位量 (kg/m³)			
					水	セメント	細骨材	粗骨材
20	8.0	50	4.0	45	165	330	803	989

	単位水量 (kg/m³)	単位細骨材量 (kg/m³)	単位粗骨材量 (kg/m³)
①	165	773	1019
②	164	799	994
③	166	769	1024
④	164	769	1024

【解　答】　④
【解　説】　骨材が表面乾燥湿潤状態にあると仮定して，5 mm ふるい通過分と残留分に対する補正を行う．

$$S' = \frac{100 \times 803 - 6(803 + 989)}{100 - (4 + 6)} = 773$$

$$G' = \frac{100 \times 989 - 4(803 + 989)}{100 - (4 + 6)} = 1019$$

次に，現場の骨材の表面水率に応じた補正を行う．

$$S'' = \left\{1 + (1 - 0.04)\frac{-0.5}{100} + 0.04\frac{-0.5}{100}\right\}773 = 769$$

$$G'' = \left\{1 + 0.06\frac{0.5}{100} + (1 - 0.06)\frac{0.5}{100}\right\}1019 = 1024$$

よって，単位細骨材量は 769 kg/m³ となり，単位粗骨材量は 1024 kg/m³ となる．
さらに，細骨材および粗骨材の表面水率に含まれる水量に応じた補正を行う．

$$W' = 165 + (773 - 769) + (1019 - 1024) = 164$$

よって，単位水量は 164 kg/m³ となる．

5．下に示す示方配合をもとに現場配合を作成した．その結果に基づき作製したコンクリートのスランプは 12 cm，空気量は 6.0% となった．スランプおよび空気量を目標値に近づけるために行った処理として，適切なものはいくつあるか．
　①なし　　②1つ　　③2つ　　④3つ

粗骨材の最大寸法 (mm)	スランプ (cm)	水セメント比 (%)	空気量 (%)	細骨材率 (%)	単位量 (kg/m³)			
					水	セメント	細骨材	粗骨材
20	8.0	50	4.0	44.45	193	348	815	955

(1) 現場で使用した細骨材および粗骨材の含水状態は，表面乾燥飽水状態であった．また，5 mm ふるいにとどまる細骨材は 1%，5 mm ふるいを通過する粗骨材は 2% であった．したがって，現場配合に基づき，単位細骨材量が 804 kg/m³ で打設した．空気量を減少させるため，示方配合の細骨材率を 42.95% に補正した．

(2) 現場で使用した細骨材のうち 5 mm ふるいにとどまる量は 0%，粗骨材のうち 5 mm ふるいを通過する量は 0% であった．また，細骨材および粗骨材の含水状態は，+0.5% および +1.0% であった．したがって，現場配合に基づき，単位水量が 179 kg/m³ で打設した．スランプを減少させるため，示方配合の単位水量を 184 kg/m³ に補正した．

(3) 現場で使用した細骨材のうち 5 mm ふるいにとどまる量は 2%, 粗骨材のうち 5 mm ふるいを通過する量は 3% であった．また，細骨材および粗骨材の含水状態は，−0.5% および +0.5% であった．したがって，現場配合に基づき，単位水量が 192 kg/m³ で打設した．空気量を減少させるため，示方配合の単位水量を 205 kg/m³ に，細骨材率を 45.95% に補正した．

【解　答】　③
【解　説】　(1) 5 mm ふるい通過分と残留分に対する，単位細骨材量の補正を行う．
$$S' = \frac{100 \times 815 - 2(815 + 955)}{100 - (1 + 2)} = 804$$
よって，単位細骨材量は 804 kg/m³ となる．
また，表 6.7 に基づき，空気量の目標値を考慮して，細骨材率を補正する．
$$s/a = 44.45 + 0.75 \times 2 = 45.95$$
よって，細骨材率は，45.95% となる．
したがって，補正された細骨材率が不適切である．

(2) 現場の骨材の表面水率に応じて，単位骨材量の補正を行う．
$$S'' = \left(1 + \frac{0.5}{100}\right) 815 = 819$$
$$G'' = \left(1 + \frac{1.0}{100}\right) 955 = 965$$
よって，単位細骨材量は 819 kg/m³ となり，単位粗骨材量は 965 kg/m³ となる．

さらに，細骨材および粗骨材の表面水率に含まれる水量に応じて，単位水量の補正を行う．
$$W = 193 + (815 - 819) + (955 - 965) = 179$$
よって，単位水量は 179 kg/m³ となる．
また，表 6.7 に基づき，スランプの目標値を考慮して，単位水量を補正する．
$$W = 193 \times (1 - 4 \times 0.012) = 183.7$$
よって，単位水量は 184 kg/m³ となる．
したがって，適切である．

(3) 骨材が表面乾燥湿潤状態にあると仮定して，5 mm ふるい通過分と残留分に対する補正を行う．
$$S' = \frac{100 \times 815 - 3(815 + 955)}{100 - (2 + 3)} = 802$$
$$G' = \frac{100 \times 955 - 2(815 + 955)}{100 - (2 + 3)} = 968$$

次に，現場の骨材の表面水率に応じた補正を行う．

$$S'' = \left\{1 + (1 - 0.02)\frac{-0.5}{100} + 0.02\frac{-0.5}{100}\right\}802 = 798$$

$$G'' = \left\{1 + 0.03\frac{0.5}{100} + (1 - 0.03)\frac{0.5}{100}\right\}968 = 973$$

よって，単位細骨材量は 798 kg/m³ となり，単位粗骨材量は 973 kg/m³ となる．

さらに，細骨材および粗骨材の表面水率に含まれる水量に応じた補正を行う．

$$W' = 193 + (802 - 798) + (968 - 973) = 192$$

よって，単位水量は 192 kg/m³ となる．

また，表 6.7 に基づき，空気量の目標値を考慮して，単位水量および細骨材率を補正する．

$$W = 193 \times (1 + 2 \times 0.03) = 204.6$$

$$s/a = 44.45 + 2 \times 0.75 = 45.95$$

よって，単位水量は 205 kg/m³ となり，細骨材率は 45.95% となる．したがって，適切である．

7. コンクリートの製造

本章では，コンクリートの製造（production）を3つに分類して述べる．すなわち，レディーミクストコンクリート（ready-mixed concrete），現場練りコンクリートおよび工場製品用コンクリートの製造の3つである．

現在，わが国で使用されるコンクリートの多くは，①レディーミクストコンクリートとして製造される．また，②ダム，山岳トンネル，海洋構造物などの特殊な大型構造物の工事では，現場にコンクリート製造設備を設置してコンクリートを製造する．さらに，③ポール（電柱など），パイル，梁や枕木などのPC（prestressed concrete）製品などの工場製品では，工場内に設置された一連の設備によって，フレッシュコンクリートから最終の工場製品までを流れ作業で製造している例が多い．これらの製造されるコンクリートの割合は，おおよそ，7：1.5：1.5程度である．

コンクリートの製造は，材料の貯蔵，計量，練混ぜより構成される．このための製造設備は，図7.1に示すように，各材料の貯蔵設備，計量設備，練混ぜ設備（ミキサ）およびこれらの制御装置で構成される．レディーミクストコン

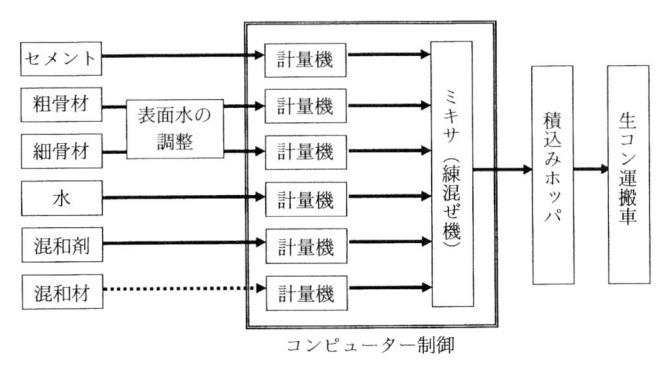

図7.1 生コンのできるまで[1]

クリートの場合は，運搬車（生コン車，正しくはアジテータ車）で工事現場へ届けられる．

本章では，コンクリート製造の共通事項を述べ，さらに3つの製造の特徴について述べる．共通事項では，貯蔵管理の重要性および注意事項を述べる．レディーミクストコンクリートでは，特に，工場選定および発注が重要である．現場での製造では骨材などについての注意事項を述べる．製品工場での工場製品の製造では，養生方法，要求強度およびコンシステンシーに関する各々の注意事項を述べる．

7.1 共 通 事 項

7.1.1 一般的な製造設備

製造設備（図7.2）は，一般に，材料貯蔵設備，材料計量設備および練混ぜ設備から構成される．このうち，材料貯蔵設備は，セメント，骨材，水それぞれを別々にまたさらに種類別に設ける必要がある．また，材料計量設備には，手動，自動のものがあるが，それぞれのプラントの規模や設置の条件によって使い分ける必要がある．

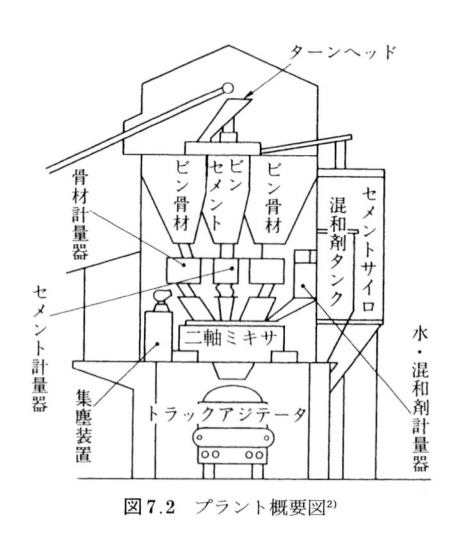

図7.2 プラント概要図[2]

7.1.2 材料の貯蔵と管理

a．貯蔵と管理の重要性

貯蔵と管理は，所要の品質（性能）の材料をコンクリート製造時に用いるために必要である．これらをおろそかにすると，いかによい配合，施工であろうと，所要の性能のコンクリートを得ることができなくなる．

b．貯蔵と管理の基本

材料の貯蔵と管理の基本は次の4つに要約される．

① 材料を変質させない．すなわち，材料を濡らさない，異常な高温などにさらさない．また，材料は異常な高圧化でも固化するおそれがある．

② 材料をきちんと整理・整頓する．すなわち，他の材料と混合しない．その材料はその材料として貯蔵する．

③ 品質（性能）に疑義のあるものは，確認せずには使用しない．

④ コンクリートを練り混ぜている途中に材料がなくなってしまわないように，ある程度の量は貯蔵しておく．

c．各材料別の注意事項

上記の基本に対応させて，材料別に述べる．

1）セメントおよび混和材

① セメントおよび混和材は，防湿的な機能・構造を有するサイロまたは倉庫に貯蔵する必要がある．これに関し，袋詰めセメントを倉庫に貯蔵する場合には，次のような詳細な記述がある．すなわち，「地上30 cm以上の床に積み重ねる．積み重ねる袋数は13袋以下とする」とされる．なお，13袋の根拠については，筆者の知るかぎり忘れ去られている．

(注：コンクリートのような経験的な要素の強い工学分野では，現実が先行しており，理論的な解釈がなされていないことも多い．)

② サイロについては，セメントや混和材をその品種ごとに区別して貯蔵できるものでなければならない．さらに，同一のサイロを鉄板などで仕切って使用する場合，仕切り部分の欠陥からの漏れによる異種セメントや混和材などと混合を生じないようにする．これらは，遵守してあたり前のことであるが，実際にはセメントと混和材が混合して固まらないコンクリートを製造・施工した事例もある．

また，入荷状況を記録するとともに，その順序・種類に応じて貯蔵・管理す

る．

③長期間貯蔵したセメントは風化しているおそれがある．セメント中に塊を生じた場合は，これを廃棄する．

④貯蔵施設の容量は，3日分以上あるのが望ましい．

⑤その他として，セメントの温度が過度に高い場合には，少なくとも50℃以下に温度を下げてから使用する．

2） 骨　材

①貯蔵施設の床は排水できる構造とし，骨材中の過剰な水分を排除できるものでなければならない．また，夏季における骨材の温度の上昇および乾燥，降雨による細骨材中の微粒分の流出を防止するような貯蔵施設が望ましい．

特に，骨材の粒度および含水状態の変動はコンクリートの品質（性能）の変動に重大な影響を及ぼす．

②骨材の種類，品種別に区切りをつけ，大小粒の分離が防止でき，かつ異物の混入が防止できる形式のものでなければならない．

③貯蔵施設の容量は，1日最大使用量以上とする．

④軽量骨材用では，プレウェッチング（prewetting）のための散水できる施設が必要である（注：プレウェッチングとは，軽量骨材をコンクリートを練り混ぜる前に散水などして湿潤状態にしておくことをいう）．

3） 混和剤　　液体状のものは，分離，凍結，変質に注意する．粉末状のものは，吸湿，固化に注意する．

7.1.3　材料の計量

a．計量の重要性

いかに優れた材料を用い，配合設計を行っても，適切な材料の計量を行わないと，所要の性能のコンクリートを得ることはできない．

b．計量の概要

一般には（後述する連続ミキサを用いる以外），1練り分（ミキサ1杯分）ずつ重量で計量する．ただし，水および混和剤溶液は容積で計量してもよい．

計量は，現場で用いる材料に対応して，単位水量補正や細骨材と粗骨材の調整を行ったもの，すなわち現場配合に基づいて行う．また，現場配合であるので，混和剤を溶かすための水や薄めるための水は，単位水量の一部とする．例

えば，コンクリート1m³に対して，AE剤自体が100g（0.1kg）必要であり，かつAE剤が10%溶液である場合には，現場配合としては，溶液は1.0kgとなるが，この場合，1.0－0.1＝0.9kgの水量は，単位水量から差し引く必要がある（詳細は6章の配合演習を参照のこと）．

なお，土木学会規準JSCE-I 502-1999「連続ミキサの練混ぜ性能試験方法」により，所要の性能を有すると確認された連続ミキサ[3]を用いる場合には，各材料を容積で計量してよい．ただし，このミキサによる練混ぜ開始直後のコンクリートは性能が安定しないため，廃棄することとなっている．

ノート 連続練りミキサの場合，練り始めのコンクリートを廃棄することになっているが，実際に廃棄しているかどうかは信じたいが非常に疑わしい．このことにかぎらず現場のモラル向上は大きな課題である．

c．計量誤差

所要の性能を有するコンクリートとするには，計量誤差は少なければ少ないほどよい．土木学会コンクリート標準示方書およびJIS A 5308（レディーミクストコンクリート）では1回計量分に対して表7.1のごとく各材料の許容計量誤差を定めている．誤差としては計量器に基づく誤差などがある．この誤差は，検定によってチェックできるので，日常の計量機の整備，点検によって十分に小さくすることができる．

表7.1 各材料の許容計量誤差（％）（JIS A 5308）[4]

材　料	許容計量誤差
セメント	±1
混和材	±2
骨　材	±3
水	±1
混和剤（溶液）	±3

＊　JIS A 5308では，高炉スラグ微粉末の計量誤差は1回計量分量に対し±1%とする．

d．材料計量装置

材料計量装置を細分類すると図7.3に示すようである．なお，印字による記録の管理は重要である．

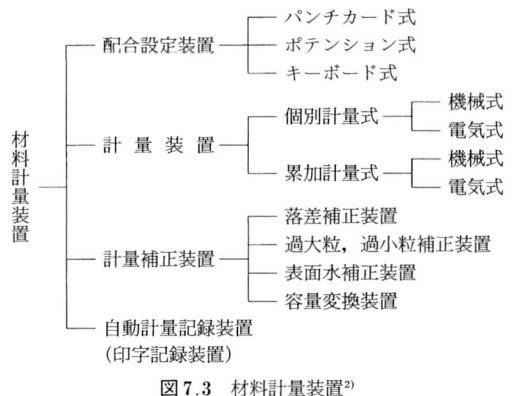

```
                              ┌─ パンチカード式
              ┌─ 配合設定装置 ─┼─ ポテンション式
              │               └─ キーボード式
              │                  ┌─ 個別計量式 ─┬─ 機械式
材料          │                  │              └─ 電気式
計量 ───────┼─ 計 量 装 置 ─┤
装置          │                  └─ 累加計量式 ─┬─ 機械式
              │                                 └─ 電気式
              │                  ┌─ 落差補正装置
              ├─ 計量補正装置 ─┼─ 過大粒，過小粒補正装置
              │                  ├─ 表面水補正装置
              │                  └─ 容量変換装置
              └─ 自動計量記録装置
                 （印字記録装置）
```

図 7.3　材料計量装置[2]

7.1.4　練混ぜ

a．練混ぜの重要性

バラバラのコンクリート材料を，均一に混ぜ合わせ，安定した品質（性能）とするために必須の行為である．

b．練混ぜの原則

練混ぜは，原則としてバッチミキサ（1練分の計量した材料を入れて練り混ぜるミキサ）を用い，1練りごとに質量計量した各材料をコンクリートが均等質になるまで十分に練り混ぜる．

例外として，計量の項でも示した連続ミキサを用いる場合には，1練りごとではなく，また，容積計量となる．この場合は，土木学会「連続ミキサによる現場練りコンクリート設計施工指針（案）」による．

c．ミキサの種類およびミキサの練混ぜ性能

ミキサには，大きく分けて，上述のようにバッチミキサと連続ミキサがある．

1）バッチミキサ　バッチミキサは，さらに重力式ミキサと強制練りミキサに分けられる．これらのミキサの容量は，通常 $0.5 \sim 7.0 \, \text{m}^3$ である．

① 重力式ミキサは，回転する混合槽の中に材料を投入し，練り混ぜるもので，練り混ぜたコンクリートを排出するのに便利なように傾胴式のものが多い．わが国では，この種のものは非常に少なくなったが，東南アジア・中国では主流である．

② 強制練りミキサは，混合槽の中で羽根が回転してコンクリートを練り混ぜるミキサで回転軸が垂直で一軸のもの（パン形），回転軸が水平で一軸のもの（水平一軸形）と二軸のもの（水平二軸形）などがある．いずれも練混ぜ性能が重力式のものよりも高いので練混ぜ時間を短縮することが可能である．

2） 連続ミキサ　　材料貯蔵設備，材料計量設備およびスパイラル形の筒状ミキサからなる容積計量プラントを連続ミキサという．

重心の位置が，バッチ式のものよりも低いので，船や台船に積載する場合に波などに対する安定性がよいので，海洋工事などのコンクリートプラント船に搭載されることが多い．

3） ミキサの練混ぜ性能　　いずれの種類のミキサであろうとも所要の練混ぜ性能が要求される．

練混ぜ性能の評価は，練混ぜ後のミキサ内の任意の場所にあるコンクリート内のモルタル量，骨材量，強度，空気量，スランプが均一であることで評価する．これをそのままミキサ内のすべてのコンクリートについて行うと作業量が膨大となるので，JIS A 1119（ミキサで練り混ぜたコンクリート中のモルタル差および粗骨材量の差の試験方法）などに準じて簡便に行うのがよい．このJISの評価では，試験用コンクリート（粗骨材の最大寸法20 mm（砕石），呼び強度24，スランプ8 cm，空気量4.5%）を用いて所定時間練り混ぜて，表7.2に示す値を，コンクリートをミキサ内にミキサの公称容量搭載した場合とその半分（1/2）搭載した場合のいずれも満足すれば合格と評価している．

d．材料の投入順序

1） 材料の投入順序の重要性　　これが適切でないと，いくら時間をかけ

表7.2　練混ぜ性能（JIS A 8603）[5]

項　目		コンクリートの練混ぜ量	
		公称容量の場合	公称容量の1/2の場合
コンクリート中のモルタルの単位容積質量差		0.8%以下	0.8%以下
コンクリート中の単位粗骨材量の差		5%以下	5%以下
平均値からの差	圧縮強度	7.5%以下	—
	空気量	10%以下	—
	スランプ	15%以下	—

て練り混ぜても，均一にならないことがある．例えば，最初にセメントを全量投入し，次に水を全量投入するようであると，セメント塊が形成され，この塊があたかも骨材のようになるため，時間をかけてもペーストが均一にはならない．筆者が学生のとき，モルタルをつくる際にこの失敗をして助手の方に迷惑をかけ，掃除に半日かかってしまった．

2） 一般的な方法　適切な順序は，ミキサ，練混ぜ時間，骨材，配合，混和材料によって相違する．このため，事前に実験などをして確かめるのがよい．

一般のバッチミキサでは，水は他の材料より少し早く少量ずつ入れ，ミキサを回転させながら，骨材，セメントおよび混和材料を同時に入れ，投入終了時直後に水の投入も終わるようにすると良好な結果が得やすい．

さらに，ダブルミキシングと称し，練混ぜ水を分割して投入・練り混ぜる方法も提唱されている．この方法では，骨材の周囲にペーストをまぶすような状態とすることが可能である．

3） 注意事項　最初のバッチでは，バッチ自体が乾いている，あるいは，コンクリート搬出時にモルタルが回転槽に付着するなどのため，所定の配合のコンクリートとなっていないことが多い．このコンクリートは使用しないほうが無難である．

レディーミクストコンクリート工場での，朝一番のバッチは，技術的に相当苦労をしているようであるが，細骨材の表面水量と，コンクリート練混ぜ量の管理（割り増して練る）のみで対応しているようである．この場合もコンクリートに不審がある場合には迷わず廃棄するようである．

e．練混ぜ時間

練混ぜ時間は，材料を投入し終わってから，コンクリートを排出し始めるまでの時間で，最適な練混ぜ時間はコンクリートの配合，ミキサ，バッチ量によっても異なる．したがって練混ぜ時間は，適切な試験（JIS A 1119 など）を行って定めるのがよい．

練混ぜ時間の試験を行わない場合には，その最小時間を傾胴形重力式ミキサで1分30秒，強制練りミキサで1分を標準としている．

ノート　特に日本では，ほとんどすべての施工現場において，朝8：00～9：00，

昼13：00〜14：00にレディーミクストコンクリートの配送を要求するため，工場はこれに間に合わせようと無理してでもコンクリートを製造することになる．また，このピーク時に設備を合わせると，日平均の設備の稼働率が低くなる．

7.1.5　品質管理および検査
a．目的および重要性
　コンクリート製造において品質管理を行う目的は，要求された品質（性能）にコンクリートを非常に高い確率で間違いなくかつ経済的に製造することである．ここで，「非常に高い確率で」と記したのは，絶対ということはないからである．このため品質管理は，要求された品質（性能）を購入者（使用者）に保証するために重要である．

　検査は，品質（性能）が該当する判定基準に適合しているかを判定する行為である．これは，購入者が購入したコンクリートが所要の性能を有しているかを確認するための行為である．

b．対象となる品質（性能）
　コンクリートの品質管理を行うには，要求される品質（性能）を明確にする必要がある．これらの性能は，構造物の設計から導かれることもあるし，また使用者（購入者）から与えられることもある．

　具体的には，コンクリートの品質（性能）の中で数値として表せるものが対象となり，強度，スランプ，空気量，水セメント比などである．これらの数値は，一般に試験によって求められる．

　これらの試験を行う場所あるいは試料を採取する場所は，厳密には3個所ある．1つは，生産者から購入者への受け取り場所（レディーミクストコンクリートの場合），1つは，構造物への打設直前の場所，さらにもう1つは構造体となったコンクリートの場合である．一般の土木構造物では，前2つの場合がほとんどである．

c．品質管理に用いる統計の基礎事項
　1）　統計の基礎事項の重要性　　試験で得られる値（試験値）は，いろいろな原因でバラツキがある．したがって，1個の試験値で，あるコンクリートの品質（性能）を表すことはできない．そのため，一般に複数の試験より試

値を得て，さらにこの試験値から統計処理を行って種々の判定を行うことになる．このため，統計の基礎事項は重要である．

なお，バラツキによる分布を一般には正規分布と仮定する．実際には，種々の人為的な要因もあることや試験値は負の値とならないことから，厳密には正規分布となることはないが，工学的には正規分布で問題ないことが多い．

2） 平均値，標準偏差，正規分布，変動係数および不偏（標本）分散

ある特性値（圧縮強度，スランプ，空気量などの試験値）について，N個のデータがあるとして，その個々の値を$x_i (i=1, 2, \cdots\cdots, N)$とする．このとき，平均値$m$，標準偏差$\sigma$，変動係数$V$および不偏（標本）分散$s$は，それぞれ

$$m = \frac{1}{N}\sum_{i=1}^{N} x_i = \frac{x_1 + x_2 + \cdots + x_N}{N}$$

$$\sigma = \sqrt{\frac{1}{N}\sum_{i=1}^{N}(m - x_i)^2}$$

$$V = \frac{\sigma}{m} \times 100 \, (\%)$$

$$s = \sqrt{\frac{1}{N-1}\sum_{i=1}^{N}(m - x_i)^2}$$

標準偏差および不偏（標本）分散は，いずれもx_iの変動の程度を表す量であり，理論的には不偏（標本）分散のほうが母集団（Nが無限の場合）の標準偏差の期待値として厳密であるが，コンクリートの分野では標準偏差で評価することが多い．

x_iの変動が偶然の原因による場合，x_iの度数分布曲線はx_iの母集団の標準偏差をσとすると次の式で表される．

$$p(x) = \frac{1}{\sigma\sqrt{2\pi}} e^{-\frac{1}{2}((x-m)/\sigma)^2}$$

この式で表される分布を正規分布という．この形状を図7.4に示す．この分布では，$(m - k\sigma)$以下または$(m + k\sigma)$以上（ここでkは任意の数）に対応するxの全xに対する確率が算定できる．すなわち，図の斜線部の曲線に囲まれた全面積に対する割合として計算され，表7.3にその例を示す．

なお，平均値m，標準偏差σの正規分布を$N(m, \sigma^2)$と表す．

3） 標本範囲　　データのうち，最大値と最小値との差を標本範囲Rとい

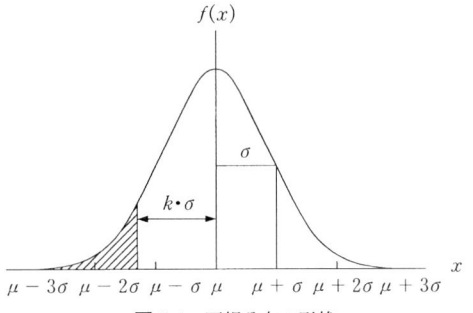

図7.4 正規分布の形状

表7.3 正規分布表[7)]

k	P	k	P
0.0	0.5000	1.645	0.0500
0.5	0.3085	2.0	0.0228
0.6745	0.2500	2.5	0.0062
1.0	0.1587	2.576	0.0050
1.282	0.1000	3.0	0.0013
1.5	0.0668		

う．$N(m, \sigma^2)$ をなす特性値の集団から，n 個のデータを抽出して標本範囲 R を相当な数求めた場合，R の平均値は $d_2\sigma$，この標準偏差は $d_3\sigma$ である．ここで，d_2，d_3 は n によって定まる定数である．

d．管理試験

所要の品質（性能）が得られているかは，上述のように種々の試験によって試験値を得て，統計的な方法などを用いて確認する必要がある．このため，製造前後に次のような材料およびコンクリートの試験を行う．すなわち，①骨材の試験，②スランプ試験，③空気量試験，④コンクリートの単位容積試験および⑤コンクリートの圧縮強度試験などである．繰り返すが，これらの試験は，所要の品質（性能）を有するコンクリートを確実に製造するための行為である．

これらの中で最もよく用いられるコンクリートの圧縮強度試験によるコンクリートの管理を述べる．

[圧縮強度試験によるコンクリートの管理]

①コンクリートの強度は一般に材齢28日の圧縮強度を基準とする．これが

原則ではあるが，3日や7日強度で管理したい場合も多い．この場合には，あらかじめこれら3，7日強度と28日強度の関係を把握しておくのがよい．

② 圧縮強度の試験値は一般に同一バッチからとった供試体3個以上の圧縮強度の平均値とする．ほとんどの場合，3個である．

③ 試験の回数は，一般には，1日に打ち込むコンクリートごとに少なくとも1回，または，構造物の重要度や工事の規模に応じて20〜150 m³に1回の試験値を得る．

④ 管理図による管理：管理図を作成し，試験値が管理限界の中にくるよう材料，工程などを管理するのが一般的である．管理図とは，図7.5に示すようなものである．

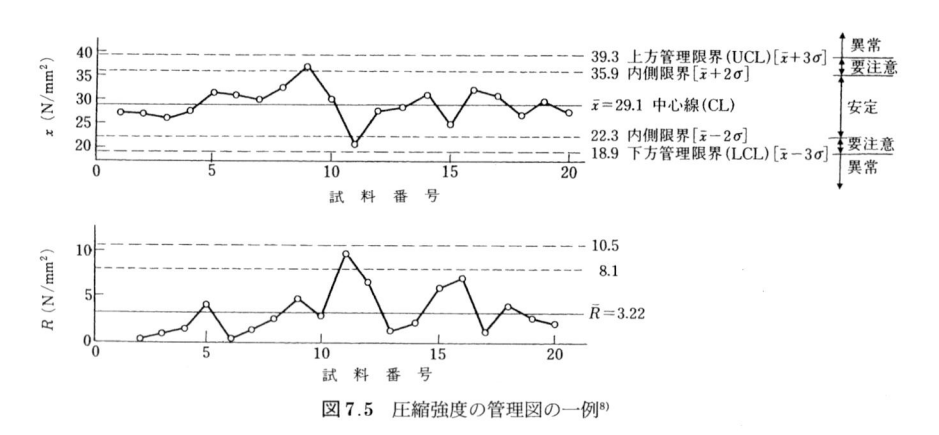

図7.5 圧縮強度の管理図の一例[8]

この管理図には，強度など試験値の平均値（製造が正常なときの平均値）を表す中心線 CL とこれの上下に強度（試験値）が許容されるバラツキの上限と下限を示す管理限界線（上方管理限界線（UCL）および下方管理限界線（LCL））とが示される．さらに，実際の製造で強度などが UCL あるいは LCL の範囲外となると，製造の中止や工事の中止さらには製造者の信用問題などになるので，注意を喚起する内側の限界線も設ける．

一般に，管理限界には $CL \pm 3\sigma$ を，内側限界には $CL \pm 2\sigma$ の値を用いるのが一般である．ちなみに，製造上全く問題ない場合に，$\pm 3\sigma$ から外れる率は片方から外れる率が 0.0013 であり，いずれかに外れるのは 0.0026（0.26%）であり，$\pm 2\sigma$ では，0.0228，0.0456（4.56%）である．したがって，2σ から

外れた場合，なにかおかしいと考えるのが常識的であろう．

e．品質検査

これは，購入者が購入した，あるいは打設した（多くの場合すでに構造物のコンクリートとして打設し終わっている）コンクリートの品質（性能）を確認するための行為である．

1）一般の場合　コンクリートが所要の品質（性能）を有するかどうか検査し，その合否を判定するには，既往の工事の経験，工程管理の資料（材料の管理，計量器の管理実績など）および現場で採取した供試体の圧縮強度などを用いる．

一般の製品の品質（性能）検査は，抜取検査の方法によりそのロットの合格，不合格を判定する方法が採られる．抜取検査には計数抜取検査（合否の数を数える）と計量抜取検査（試験値で判断する）の2つがあるが，コンクリートの場合は計量抜取検査である．

2）圧縮強度の場合　圧縮強度の試験により，合否の判定を行う場合，土木学会コンクリート標準示方書では，一般の場合について要求される強度（設計基準強度であることが多い）を特性値（圧縮強度の試験値）が下回る確率が5％以下であることを規定している．

7.2　レディーミクストコンクリート

7.2.1　定義と意義

レディーミクストコンクリート（ready-mixed concrete）とは，「整備されたコンクリート製造設備を持つ工場から，荷卸地点における品質を指定して購入することができるフレッシュコンクリート」と定義される．レディーミクストコンクリートは，JIS A 3108 に詳細に規定されている．レディーミクストコンクリートは，一般に，「生コンクリート」あるいは「生コン」とも呼ばれる．

レディーミクストコンクリート工場は，日本で1949年に初めて東京で誕生した．1953年には，東京7工場となり，大阪，名古屋，横浜に各1工場ができ，同年11月には，JIS A 5308 が制定された．

レディーミクストコンクリートは，工事現場で製造されるコンクリート

(「現場練りコンクリート」) より，強度，スランプなどの特性値が安定しているなど多くの利点が認められ，また，わが国が経済成長したこともあって，この後急速に全国規模で普及した．2003年6月の工場数は，4436工場で，2002年度のレディーミクストコンクリート出荷数量は約1億3141万 m^3 となっている．

7.2.2 レディーミクストコンクリートで特に注意すべき事項

工場の選定，発注などは，レディーミクストコンクリートで特に発生する事項であり，所要の品質（性能）のコンクリートを安定して工事現場で使用するために，非常に重要である．

a．工場の選定

① 所要の品質（性能）を有するフレッシュコンクリートが，安定して所定の時刻にくるために重要である．

② 工場を選定するには次の事項が重要である．

- 工事現場に所定の時間内に，運搬・荷卸可能な位置にあること．
- コンクリートの供給が円滑に行われるような製造能力・運搬能力を有すること．
- JISマーク表示認定工場であること．現場付近にない場合には，このレベルに最も近い工場とすること．
- 工場に，コンクリートの専門家（コンクリート主任技士またはコンクリート技士）が常駐していること．

b．レディーミクストコンクリートの発注

1） 発注の重要性　レディーミクストコンクリートの購入者は，正確に発注しない場合には，所要の品質（性能）のものを必要な時間に現場に得られないことになる．

2） 一般事項　まず購入者（使用者）自身がどのような品質（性能）を有するレディーミクストコンクリートが必要かを明確にする必要がある．全く知識のない者がこれを購入するのはリスクが大きい．

さらに，打設現場でなく，荷卸地点での必要な品質（性能）を明確にする必要がある．荷卸地点と打設現場が離れている場合，スランプなどコンシステンシーやワーカビリティーが変化するので，これを考慮して必要な品質（性能）

を明確にする必要がある．これらのことを考慮して，最低限荷卸地点での，コンクリートの種類，粗骨材の最大寸法，スランプ，呼び強度を設定する．ここで，呼び強度はこれを下回る確率を5％以下とすることを保証する強度である．通常，設計で必要な強度（設計基準強度）と同じとすることが多い．

　これらの品質（性能）の組合せを，JIS A 5308（レディーミクストコンクリート）の表7.4中より選び，さらに必要な事項については，適宜指定する．なお，その指定事項によってはJIS外となる．また，表中○印は規格品である．

表7.4　レディーミクストコンクリートの種類（JIS A 5308）[9]

コンクリートの種類	粗骨材の最大寸法 (mm)	スランプ (cm)	呼び強度								
			18	21	24	27	30	33	36	40	曲げ4.5
普通コンクリート	20, 25	8, 12	○	○	○	○	○	○	○	○	—
		15, 18	○	○	○	○	○	○	○	○	—
		21	—	○	○	○	○	○	○	○	—
	40	5, 8, 12, 15	○	○	○	○	○	○	—	—	—
軽量コンクリート	15, 20	8, 12, 15	○	○	○	○	○	○	—	—	—
		18, 21	○	○	○	○	○	○	—	—	—
舗装コンクリート	20, 25, 40	2.5, 6.5	—	—	—	—	—	—	—	—	○

　規格品として指定できる事項は，

a．セメントの種類
b．骨材の種類
c．粗骨材の最大寸法
d．骨材のアルカリ反応性による区分．区分B（無害でない骨材）を使用する場合は，アルカリ骨材反応の抑制方法
e．混和材料の種類および使用量
f．JIS A 5308 4.2に定める塩化物含有量の上限値と異なる場合は，その上限値
g．呼び強度を保証する材齢（通常は28日であるが，7日，91日などとする場合がある）
h．JIS A 5308 表7.5に定める空気量と異なる場合は，その値

表7.5 空気量 (JIS A 5308)

コンクリートの種類	空気量	空気量の許容差
普通コンクリート	4.5	±1.5
軽量コンクリート	5.0	
舗装コンクリート	4.5	

i．軽量コンクリートの場合は，コンクリートの単位容積質量
j．コンクリートの最高または最低の温度
k．水セメント比の上限値
l．単位水量の上限値
m．単位セメント量の下限値または上限値
n．その他必要な事項

である．

ノート　JIS A 5308においても，レディーミクストコンクリート工場の責任は，荷卸地点であると明記してある．にもかかわらず，施工業者の中には，施工現場までも工場に責任を負わせる傾向がある．これは，契約違反なのであるが，悪しき慣例となっている場合が多い．

3) 土木学会コンクリート標準示方書による場合　この場合，一般には所要の強度（設計基準強度）を呼び強度とする場合が多いが，耐久性あるいは水密性から水セメント比が定まる場合には，これらの条件から呼び強度が定まるので，前もって実験式（例えば，強度と水セメント比の関係式）を作成しておくなどの方法を明確にしておく必要がある．

7.3　現場での製造

7.3.1　意　義

現場で製造する意義は，大きく分けて2つある．すなわち，ダムなど大規模なコンクリート構造物（橋梁下部構造物，防波堤など）の工事において，専用のコンクリートを製造する場合，および，レディーミクストコンクリートを使用したいが，辺地であることあるいは交通渋滞などの理由でレディーミクストコンクリートが使用困難である場合の2つである．

いずれの場合も，適切な現場コンクリートプラントを設置し，品質（性能）管理を行えば，信頼性の高いコンクリートを製造することができる．

7.3.2 現場コンクリートプラントの種類

現場コンクリートプラントは，大きく陸上部のものと海上部のものに分けられる．

a． 陸上部コンクリートプラント

定置式のプラントと移動式の車載プラントがある．前者は，レディーミクストコンクリートのプラントと同じである．後者の車載プラントは，移動が容易であり，超速硬コンクリートによるRC床版補修工事のように，工事期間が1日単位で，製造後数分後にはコンクリートを打設する必要があり，かつ他の種類のコンクリートは製造しないこのコンクリート専用のプラントとして用いられる．

b． 海上部コンクリートプラント

海上部での大型工事では，移動式のコンクリートプラント船搭載のプラントで製造されることが多い．船上には，クレーンなどの材料補給装置があり，船内に貯蔵する．ミキサとしては，バッチ式も連続式もあるが，連続式のほうが重心を低くできるため有利である．

表7.6に大型プラント船の諸元の一例を示す．

c． 特に注意すべき事項

製造者は，現場プラントによるコンクリートの製造を開始するために，次の事項を定める必要がある．

表7.6 大型コンクリートプラント船の諸元例[10]

項　　目	諸　　元
船　体	L 150 m × W 840 m × D 8.5 m
材料貯蔵設備	粗骨材 6,900 m³，細骨材 5,200 m³ セメント 3,200 t，水 65 t
コンクリート製造能力	100 m³/h×2
コンクリートポンプ	110 m³/h×3基×2系列
無補給打設能力	10,000 m³

- 材料の貯蔵：セメント・骨材・混和材料の貯蔵施設
- 計量：計量器の種類，計量精度
- 練混ぜ：ミキサの種類，練混ぜ量，練混ぜ時間
- 運搬：運搬車または運搬時間，運搬時間の限度

また，使用実績のない骨材を用いる場合には，特に，骨材反応性（特にアルカリ骨材反応性）について所要の確認をする必要がある．

7.4 製品工場での製造

7.4.1 コンクリート製品について

a．定義

一般には，コンクリートプラントのある工場において，十分な品質管理のもとで継続的に生産される標準仕様のプレキャストコンクリート部材をコンクリート製品という．さらに，大型の製品の場合には，構造物建設現場近くでコンクリートプラントをその工事期間の間だけ設置し，製品を製作することも含む．

多くの製品がJISで規定されている．

b．種類

コンクリート製品の種類はきわめて多く，無筋コンクリート，鉄筋コンクリートおよびプレストレストコンクリート製品いずれも多岐にわたっている．現在生産されているものを用途別，製造別に分けると次のようである．

用途別には，大きく土木用製品，建築用製品，農業土木用製品などに分けられる．さらに，土木用製品は，道路用製品，灌漑排水用製品，護岸用製品，土留め用製品，橋梁用製品，水道用製品，河海用製品などがある．

製造別には，振動締固め製品，遠心力締固め製品，加圧締固め製品，即時脱型製品などがある．

表7.7に主要なコンクリート製品の平成13年度の出荷高を示す．

7.4.2 製品用コンクリートの意義

コンクリート製品に使用するコンクリートを本書では製品用コンクリートとする．前述したようにJIS製品であるため，その使用材料であるコンクリー

表7.7 主要コンクリート製品の出荷高（平成13年1月〜平成13年12月）[11]

主要セメント製品出荷高　I　（経済産業省調べ）						
遠心力鉄筋コンクリート製品			空胴コンクリートブロック（千個）	護岸用コンクリートブロック (t)		道路用コンクリート製品 (t)
管 (t)	ポール (t)	パイル (t)				
1,196,410	872,056	3,656,616	140,087	2,990,513		8,166,667

主要セメント製品出荷高　II　（経済産業省調べ）						
PC製品			石綿製品		木材セメント板（千枚）	気泡コンクリート製品 (m³)
まくらぎ (t)	はり・けた (t)	その他 (t)	波形石綿スレート（千枚）	石綿セメント板（千枚）		
71,463	566,652	855,024	6,771	28,580	12,284	2,457,341

注）セメント製品出荷高は，従業者20名以上の事務所分
　　木材セメント板には，木毛及び木片セメント板を含む

トもJIS製品であるレディーミクストコンクリートと同等以上の品質（性能）管理が求められる．実際，製品工場内のコンクリート工場にはJISの審査を経ているものもある．

しかしながら，製品用コンクリートでは，レディーミクストコンクリートの規格には入っていない高強度のもの，コンシステンシーのものも多数あり，JIS A 5308になじまないものも多い．例えば，遠心力締固め製品の高強度杭用では75〜100 MPaの圧縮強度が要求されるし，即時脱型製品ではスランプは0 cmが要求される．

このように，製品各々に対し，要求性能がレディーミクストコンクリートとは異なる場合や各工場独自のノウハウもある．

7.4.3　製品用コンクリートの特徴

一般に，水セメント比が小さいこと，富配合（セメント量が比較的多い）であること，スランプの小さいこと，などが特徴である．もとより，種々のものがあり，最近では騒音を発生する振動締固めを避けるために高流動コンクリートの使用も増えている．

◆演習問題◆

1. 貯蔵に関する次の記述のうち，不適切なものはどれか．
   ① 混合使用する材料は，あらかじめ混ぜて貯蔵する．
   ② 袋詰めセメントの積重ねは，13袋以下とする．
   ③ 貯蔵されたセメントは，短期間のうちに使用する．
   ④ 骨材は，排水構造を有する施設にて貯蔵する．

【解 答】 ①
【解 説】 ①材料は，その品種ごとに区別して貯蔵しなければならない．
②③④ 適切である．

2. 練混ぜに関する次の記述のうち，不適切なものはどれか．
   ① 1度の練混ぜで打設されるコンクリートの量は，ミキサの公称容積分とするのがよい．
   ② 初めにセメントと水を練り混ぜることにより生じた塊は，その後骨材を投入することによっても，ペーストになりにくい．
   ③ 乾いたミキサを使用して作製された最初のコンクリートは，使用すべきではない．
   ④ 強制練りミキサの標準的な練混ぜ時間は，1分である．

【解 答】 ①
【解 説】 ①一般的に1度の練混ぜで打設されるコンクリートの量は，ミキサの公称容積の60%以下である．
②〜④ 適切である．

3. 管理試験・品質検査に関する次の記述のうち，不適切なものはどれか．
   ① コンクリートの品質を管理するため，スランプ・空気量・単位容積質量などを試験する．
   ② コンクリートの強度は，材齢1日の引張強度を基準とする．
   ③ コンクリートの圧縮強度は，1日に1回あるいは20〜150 m³に1回の試験を行えばよい．
   ④ 品質管理試験は，生産者から購入者への受渡し時や，構造物への打設直前な

どに行われる．

【解　答】　②
【解　説】　①③④ 適切である．
　②コンクリートの強度は，一般に材齢 28 日の圧縮強度を基準とする．

4．レディーミクストコンクリートに関する次の記述のうち，不適切なものはどれか．
　①レディーミクストコンクリートは，一般に「生コンクリート」と呼ばれる．
　②レディーミクストコンクリートに要求される性能は，荷卸地点で試験される．
　③アルカリ骨材反応性が「無害でない」と判定された骨材を使用する場合には，抑制方法を指定する．
　④水セメント比および単位水量の下限値を指定する．

【解　答】　④
【解　説】　①〜③ 適切である．
　④水セメント比および単位水量の上限値を指定する．

5．下表は，材料の計量時における，目標値および計量値である．これらのうち，打設に適切なケースを選べ．ただし，各材料の 1 回計量分の許容誤差は，セメントおよび水においては±1％であり，一方骨材においては±3％である．

ケース		水 (kg)	セメント (kg)	細骨材 (kg)	粗骨材 (kg)
目標値		164	328	752	1048
①	計量値	160	326	735	1010
②		162	328	750	1030
③		164	330	765	1050
④		166	332	780	1070

【解　答】　③
【解　説】　各材料の許容誤差量を算定する．
　水：　　　164×0.01＝1.64（kg）
　セメント：328×0.01＝3.28（kg）
　細骨材：　752×0.03＝22.56（kg）
　粗骨材：　1048×0.03＝31.44（kg）

したがって，打設可能な計量値は，次の範囲である．

水：　　　　$(164-1.64)～(164+1.64)$　∴$162.36～165.64$（kg）
セメント：$(328-3.28)～(328+3.28)$　∴$324.72～331.28$（kg）
細骨材：　$(752-22.56)～(752+22.56)$　∴$729.44～774.56$（kg）
粗骨材：　$(1048-31.44)～(1048+31.44)$　∴$1016.56～1079.44$（kg）

6．レディーミクストコンクリートと現場練りコンクリートの利点と欠点を述べよ．

【解答例】

　レディーミクストコンクリートは，工場で作製され，種類，品質，配合，材料，製造，品質管理および試験方法などが規定されている．したがって，安定した品質のコンクリートが得られる．このことが利点である．ただし，所要の品質（性能）を有するコンクリートが，交通渋滞などにより所定の時刻に現場に到着しない場合がある．また，購入者が正確に発注しない場合には，所要の品質（性能）のコンクリートが得られないことになる．これらの点が欠点である．

　一方，現場練りコンクリートは，レディーミクストコンクリートを搬入できないときなどに使用される．その利点は，運搬時間を要しないため，現場で所定の時刻にコンクリートを得られることや，自身で作製するため，所要の品質（性能）のコンクリートを得られることである．ただし，貯蔵，計量，練混ぜなどの品質管理に対して，個々で十分に配慮しなくてはならない．この点が，欠点である．

8. コンクリートの施工

　一般に（工場製品を除いて），コンクリートの施工（construction）は現場で行われる．また，自動化している部分もあるが，人手に頼る部分が非常に多い．さらに，天候の影響も大きく受ける．このため，現場での監督・管理がきわめて重要である．話はややそれるが，リストラ，熟練労働者の不足など，今後さらに現場での施工は難しくなることが予想される．したがって，コンクリート構造物の性能を所要のものにするために，コンクリートの施工を理解することが今後ますます重要となる．

　本章では，運搬（transportation），打込み（打設：placing），締固め（compaction），打継ぎ（joint or successive layers），養生（curing）について主として現場打ちコンクリートを対象として述べる．特に不法加水およびコールドジョイントについて説明を加えた．コンクリート製品については，現場打ちコンクリートと異なった特徴的な事項を述べる．

8.1 運　　搬

8.1.1 意　義

　運搬とは，コンクリートプラントで製造されたコンクリートを打込み場所まで移動させることをいう．

a．運搬に要求される事項

　運搬に要する時間は，少ないほどよい．また，時間は正確であるとよい．さらに，運搬中の品質（性能）変化は少ないほどよい．いずれも，100％達成を目指して行うことが求められる．

　運搬中の主な品質（性能）変化は，材料分離抵抗性およびワーカビリティーの低下である．これらの変化を全くなくすことは困難である．また，これらの

変化には，運搬方法，運搬時間，温度が影響する．

b．運搬の種類

レディーミクストコンクリートの運搬は，プラントから現場の荷卸地点までの運搬と現場内の運搬に大別できる．前者は，アジテータ車（いわゆる生コン車：agitating truck or agitator truck）やダンプトラック（dumping truck）に積載されて運搬される．後者は，コンクリートポンプ（concrete pump），コンクリートバケット（concrete bucket）あるいは手押し車などにより運搬される．

コンクリートの運搬方法の一覧を表8.1に示す．また，コンクリート運搬方法の概念図を図8.1に示す．

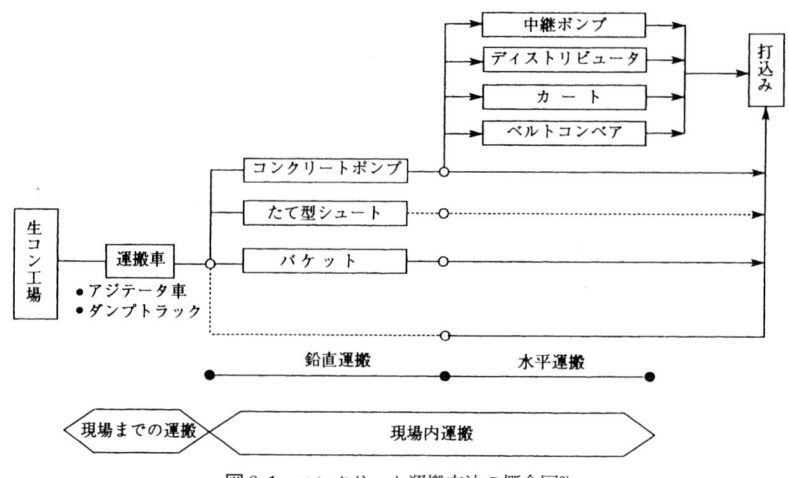

図8.1 コンクリート運搬方法の概念図[2]

なお，JIS A 5308（レディーミクストコンクリート）では，前者の荷卸地点までの運搬の責任はレディーミクストコンクリート工場に，荷卸地点以降は施工者の責任となると規定してある．この規定は，きわめて重要なものであるが，実際には施工者が，レディーミクストコンクリート工場側に打設地点までの責任を転稼している可能性もある．

現場打ちコンクリートおよび製品用コンクリートでは，主として現場内の運搬を考えればよい．しかしながらダムコンクリートにおいては，ダンプトラックによって打込み地点まで運搬することもある．

8.1 運　搬

表8.1　コンクリートの運搬方法[1]

分　類	運搬機械	運搬方向	運搬時間 運搬距離	運搬量（m³）	動　力	適用範囲	備　考
主として プラント から現場 までの運 搬	トラック アジテータ ダンプ トラック	水　平	〜90分* 〜30 km	1.0〜4.5/台	内部機関	遠距離 運搬	一般の長距離運搬に適する． 舗装用コンクリートや RCD用コンクリート に使用．
主として 現場内運 搬	コンクリート ポンプ	水　平 垂　直	〜500 m 〜120 m	20〜70/h	内部機関 電動機	一　般・ 長距離・ 高　所	硬練りから軟練りコン クリートまで広く使わ れている．
	コンクリート バケット	水　平 垂　直	10〜50 m	15〜20/h	クレーン	一　般・ 高強度	分離が少なく場内運搬 に適する．
	コンクリート タワー	垂　直	50〜120 m	15〜25/h	電動機	高所運搬	手押し車，ベルトコン ベア，ポンプとの組合 せ．
	ベルト コンベア	水　平 やや勾配	5〜100 m	5〜20/h	電　動	硬練り用	分離傾向にあり，軟練 りには適さない．
	シュート	垂　直 斜　め	5〜20 m	10〜50/h	重　力	一　般	分離に注意する必要が ある．
	手押し車	水　平	0〜60 m	0.05〜0.11台	人　力	小規模工事	振動防止が必要．

* ただし，ダンプトラックの場合は，60分以内（JIS A 5308）

表8.2　輸送・運搬時間の限度[3]

区分	JIS A 5308	コンクリート標準示方書		JASS 5**	
限定	練混ぜから 荷卸まで	練混ぜから打込み終了まで		同　　左	
限度	1.5時間*	外気温が25℃を 超えるとき	1.5時間	外気温が25℃以上	90分
		外気温が20℃ 以下のとき	2.0時間	外気温が25℃未満	120分

* 購入者と協議のうえ運搬時間の限度を変更（短縮または延長）することができるとしている．一般に暑い季節にはその限度を短くするのがよい．
JISではダンプトラックでコンクリートを運搬する場合の運搬時間の限度を60分以内としている．
** JASS 5では1997年の改訂により「高耐久性コンクリート」が削除された．流動化コンクリート，高流動コンクリート，高強度コンクリートの運搬については，各々の項を参照すること．

8.1.2　運搬時間

　運搬時間は短いほど，また，正確なほどよい．特に，練り混ぜたコンクリートのコンシステンシー（スランプなど）や空気量は，運搬時間とともに減少するので，土木学会コンクリート標準示方書やJIS A 5308では，表8.2に示すように運搬時間の限度が定めてある．

概念的には，運搬時間とは，工学的には「製造から打込みまで」であり，土木学会コンクリート標準示方書などでは「練混ぜ開始から打込み終了までの時間」と規定している．しかしながら，JIS A 5308 では，コンクリートの荷卸までの時間と規定してあるので注意を要する．これは，レディーミクストコンクリートを製品と考え，購入した時点で責任が製造者から購入者へ移ることを重視しているためである．

なお，前にも述べたがレディーミクストコンクリート工場選定にあたっては，温度，交通事情などを考慮して，運搬時間の限度が無理なく守れる工場を選定すべきである．

8.1.3　コンクリートプラントから荷卸地点までの運搬

これは，一般にはレディーミクストコンクリートが対象となる．繰り返すが，これにはコンシステンシー（スランプなど），空気量の低下が少なく，材料分離も極力少ないことが要求される．わが国では，トラックアジテータ車（通常，生コン車）およびダンプトラックによる運搬が一般的である．

生コン車は，攪拌装置を装備しており，JIS A 5308（レディーミクストコンクリート）でその材料分離抵抗性に関して，「その積荷のおよそ 1/4 と 3/4 のところから個々に試料を採取してスランプ試験を行い，両者のスランプ差が 3 cm 以内になるものでなければならない．」と規定してある．

ダンプトラックは，舗装用コンクリートなどの硬練りコンクリートを運搬する場合に用いられる．これらのコンクリートは材料分離の可能性が低く，攪拌装置が特に必要ないからである．

特に，レディーミクストコンクリートの場合，荷卸地点でのスランプ，空気量が規定の値に合格しない場合には，購入者（通常は，施工者が多い）は受け取ってはならない．

いうまでもないが，この段階で水を加えてスランプを規定の値に合わせる行為は決して行ってはならない．不法加水という違法行為である．

8.1.4　荷卸地点から打込み場所までの運搬（現場内運搬ともいう）

現場内運搬には，コンクリートポンプ，コンクリートバケット，コンクリートプレーサ，縦シュート，斜めシュート，ベルトコンベア，手押し車などが用

いられる．わが国では，一般的には，コンクリートポンプが使用される．

a．コンクリートポンプ

1) 定　義　　定義は，「フレッシュコンクリートを機械的に押し出し，輸送管を通して連続的に運搬する装置」である．大量のコンクリートを打込み現場内の狭い場所にでも容易に搬送できるので，現場内でのコンクリートの一般的な運搬手段となっている．

2) 種　類　　コンクリートポンプは，その構造から，ピストン式とスクイズ式に分類される（図8.2）．また，移動形式から，定置式と車両搭載式に分類される．後者は，車両も含めてコンクリートポンプ車と呼ばれるもので，現場で配管するものとブーム付きのものとがある．ブーム付きコンクリートポンプ車は，現場での配管作業が不要なので使用例が増加している．ブームの長さは30 m程度のものまである．

定着式は，1個所で長期的に使用する場合などに使用される．

3) 性　能　　コンクリートポンプに要求される性能として，どれだけのコンクリートをどこまで圧送できるかが重要である．これらは圧送するコンクリートの品質（性能），圧送管の径，圧送経路によって相当に異なる．一般的には，最大の吐出量が60 m³/時，最大の水平圧送距離が300 m程度である．

なお，この300 mという値は，管が全く水平の場合であって，表8.3に示すように，上向き水平管1 mが水平方向の3〜5 m，ベント（曲がり）管では水平方向6 mに相当する．

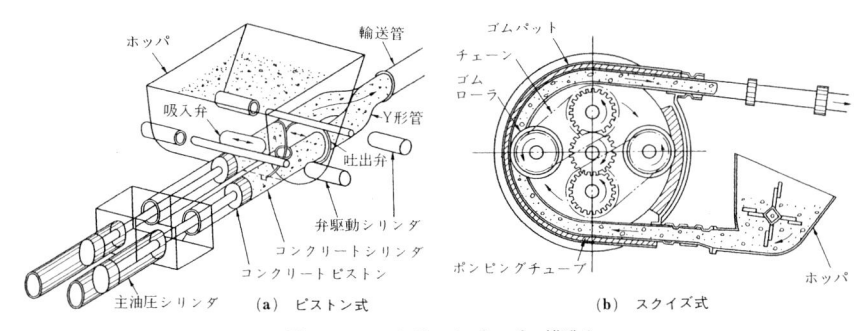

図8.2　コンクリートポンプの構造[4]

表 8.3 水平換算長さ[5]

項目	単位	呼び寸法	水平換算長さ* (m)
上向き垂直管	1m当り	100 A (4 B) 125 A (5 B) 150 A (6 B)	3 4 5
テーパ管**	1本当り	175 A → 150 A 150 A → 125 A 125 A → 100 A	3
ベント管	1本当り	90° $\gamma=5$ m $\gamma=10$ m	6
フレキシブルホース		5〜8mのもの1本	20

* 普通コンクリートの圧送における値
** テーパ管は長さ1mを標準とする値であり，この水平換算長さは小さい方の径に対応する値である．

4) 圧送によるコンクリートの品質（性能）変化 圧送により，スランプ（コンシステンシー），空気量，温度などが変化するが，この中でもスランプ低下が最も問題となる．

圧送によりスランプ低下が生じた場合には，打込み作業性が低下するだけでなく，打込み不良個所やコールドジョイントを生じる．

特に，軽量骨材コンクリートでは，前もって軽量骨材に吸水させておくなどの対策を行わないと，圧送中に軽量骨材が周囲のモルタルから吸水し，周囲のモルタルの水セメント比が急激に低下しスランプも低下するため，コンクリートの閉塞が起こる可能性が高い．前もって，骨材内部まで吸水させておくなどの対策が必要である．

5) 不法加水 コンクリートポンプで圧送中にコンシステンシーの低下などで，管が閉塞することがある．いったん，閉塞が起きると，管を取り外し内部を清掃する作業などを行う必要が生じ，時間と費用を失うこととなる．これを防ぐ最も安易な方法が，圧送直前のコンクリートへ水を加えることである（この行為は違法であるので「不法加水」という）．これを行うと，違法ということの他に，材料分離を生ずる，乾燥収縮が多くなる，など耐久性などの性能が大幅に低下する．このため，厳に慎むべきである．

ノート 不法加水などの違法行為を行う際，2つのパターンがある．1つは，違法と知っていながら行ってしまう場合と，もう1つは，知らずに行ってしまう場合

である．私見では，後者が増加しているような気がしてならない．前者の場合より，憂いの多い事態である．

b．コンクリートバケット

1）定　義　定義は，「フレッシュコンクリートを運搬するために，下端部に開閉口のついたおけ（桶）状の容器」である．バケットによる運搬は，フレッシュコンクリートを適切な構造のバケットに収納し，クレーンや車両などにより打込み場所まで運搬するもので，コンクリートに振動を与えることが少ない．コンシステンシーの変化，材料分離などの悪影響の少ない運搬方法である．

2）適　用　ダム用コンクリートなどの硬練りコンクリートに用いられることが多い．1つには，硬練りコンクリートは，コンクリートポンプでは圧送しにくいためでもある．また，ダムではクレーンを用いるのが一般的であるという理由もある．

8.2　打込み・締固め

8.2.1　意　義

均一に練り混ぜられ，運搬されたコンクリートを，材料分離させることなく，豆板（honeycomb，ジャンカともいう，図 8.3）やコールドジョイント（cold-joint，図 8.4）を生じさせないように，鉄筋の周囲や型枠の隅々まで均一かつ一体に充填させる作業である．

硬化後のコンクリート部材（構造物）の耐荷力，水密性，耐久性（能）などの性能は，この作業の良否によって左右される．

これらの作業の難易，手順は，構造物の寸法・形状，コンクリートの種類，気象を含む施工条件で異なるので，十分な作業準備を行う必要がある．

8.2.2　打　込　み

a．打込みのための計画

打込み（placing）前に，コンクリートの打込み区画，打込み順序を計画する必要がある．

図8.3 ジャンカ（モルタル補修後，再劣化した状態）

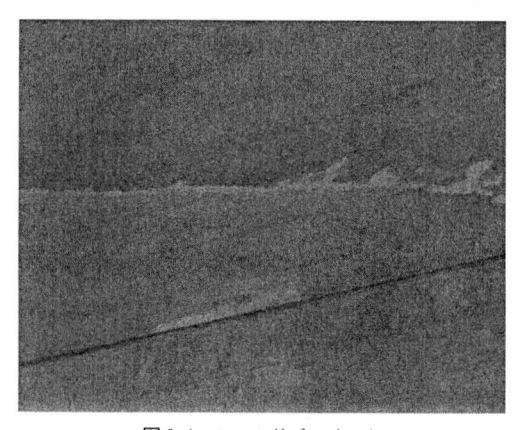

図8.4 コールドジョイント

1）打込み区画　打込み区画とは，型枠で囲ってその内部にコンクリートを打込む独立した区画のことである．この区画は，構造物の形状・工期あるいは設計上から決まることも多いが，構造物が大規模であるときには，コンクリートの供給能力から決まることも多い．

特に，後者の場合には1日の打込み能力から打込み区画を設定し，後日，新コンクリートをきちんと打継ぐのがよい．この場合，打込み区画が広すぎると，1回の作業時間（1日など）でその区画のコンクリート打込みを終了することができずに，計画にない打継目が発生し，いわゆるコールドジョイントとなる可能性が高い．また，狭すぎると，1回の打込み作業時間が短く，コンク

リートが十分固まらないままに型枠を外すこともできないので，時間が無駄となる．

1日の打込み能力には，次のデータを参考にできる．

① 生コンクリートの供給能力：60〜90 m³/時，400〜700 m³/日
② コンクリートポンプ圧送能力：20〜50 m³/時，100〜400 m³/日
③ 締固めが十分できる打込み速度(棒状振動機1台あたり)：10〜15 m³/時，60〜90 m³/日

2) 打込み順序　　打込み順序に関しては，前節で定めた打込み区画が複数の場合，それらの区画をどのような順序で打込んでいくかということと，1つの打込み区画の内部でどのように打込んでいくかの2つの考える順序がある．

前者の複数区画の打込み順序に関しては，例えばマスコンクリート（ダムの場合など）では，水和熱（heat of hydration）をできるだけ外部に放出する（できるだけコンクリートの表面積を大きくするなど），あるいは，区画相互の拘束を少なくする（隣り合う区画のコンクリート打込み時間の差を少なくするなど）などの観点から打込み順序を考えるのがよい．

後者の1区画での打込み順序では，柱などの鉛直部材を優先し，床版などの水平部材を後に打込むのがよい．この1つの理由は，鉛直部材のコンクリートのほうが多く沈下するので，この沈下をある程度緩和してから水平部材を打込んだほうがひび割れが発生しにくいと考えられるためである．打込み順序の事例を図8.5に示す．

b．打込みの準備

1打込み区画のコンクリートは連続して打込むのが原則である．打込みが中断しないよう下記の準備をしておく必要がある．

① コンクリートの手配および受入れ時の品質検査方法を確認する．
② 設計図による確認：型枠，鉄筋が設計どおりに設置されていることを確認する．
③ 設備の点検：打込みに使用する運搬機器，打込み設備の能力が打込み量に対して十分であることを確認する．特に，故障した場合に打込み作業に大きな支障のあるものは予備を準備しておくのがよい．
④ 型枠の清掃および吸湿：型枠を清掃して異物の混入を防ぐ．また，コンクリート中の水分を吸収するおそれのある乾燥した部分は吸湿させておくのが

図8.5 打込み順序[7]

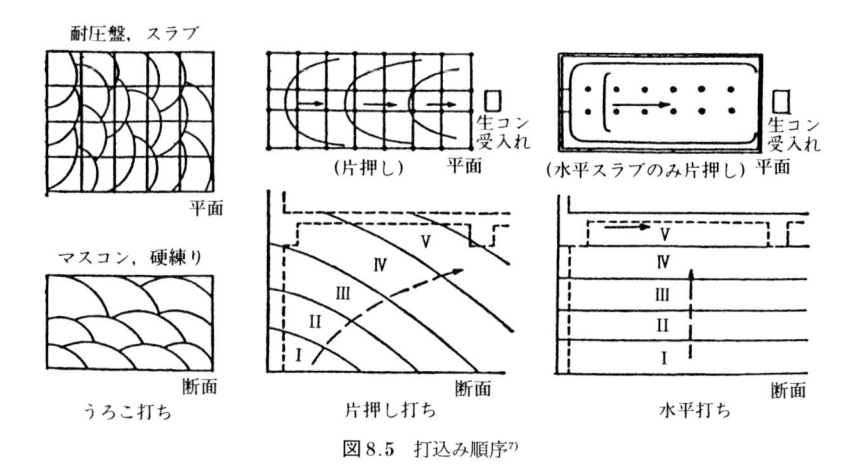

よい．

⑤ 人員配置：打込みに必要な人員および配置を確認する．
⑥ 天候の予測と対策：晴れか雨天かで相当対策に差が出る．

c．打込み作業

コンクリートポンプやバケットから型枠（区画単位）内へコンクリートを詰める作業である．これには，次の3つの重要な留意事項がある．すなわち，材料分離の防止，コールドジョイント発生防止，および完全な充填の3つである．

1) 材料分離の防止

① 打込み中における材料分離の防止：基本は，自由落下を最小限にして，横への移動も最小限にすることである．詳細は次のようである．

a．バケットなどの吐出口からコンクリートの打込み面までの距離を自由落下高さというが，これが小さくなるようコンクリートはできるだけ低い位置から鉛直に落とす．土木学会コンクリート標準示方書では，1.5 m 以下と規定してある．

b．コンクリートを横方向に移動させると材料分離が生じやすいので，横流しを避ける．

c．打込み中に著しい材料分離が認められた場合には，作業を中断し原因を調べて対策を施し，材料分離を防ぐ．

②打込み後の材料分離の防止：コンクリートの打込み高さをできるだけ小さく，かつ，打込み速度を小さくするのが基本である．これによって，水の分離（上昇量）を少なくすることができる．

一般の場合，1回の打込み高さは 40～50 cm 以下，打込み速度は 2 m/時以下を標準とする．

2) コールドジョイントの防止

①コールドジョイントとは：JIS A 0203 では，「先に打ち込んだコンクリートと後から打ち込んだコンクリートの間が，完全に一体化していない継目」と定義され，また，土木学会[8]では「コールドジョイントは，すでに打込まれたコンクリートの凝結が進み，その上に新たにコンクリートを打ち重ねる場合に生じる一体とならない継目」と定義される．

狭い意味では，打ち重ねる場合のみの表現ではあるが，後述する打継目でコンクリートが一体となっていない場合も同様に悪い継目となる．本書では，いずれもコールドジョイントと解釈する（いずれも同じような不具合を生じる）．

いずれにしても，コンクリート構造物で一体化しているべき部分でコンクリートが不連続となっている部分である．近年では，これが原因となる山陽新幹線トンネルコンクリートの剥落が社会的な問題となった．

例えば，図 8.6 に示す位置にコールドジョイントがあると，コンクリート剥落の可能性がある．

②防止のための留意事項：2層以上のコンクリートを打込む場合，下層のコンクリートが固まり始める前に上層のコンクリートを打込み，上層の締固め時に下層にまで振動機を差込み，再振動を与えて下層と上層が一体化するようにする．

3) 完全な充填の実施

打込みの難しい i) 打込み高さが高い，ii) 壁厚が薄い，iii) 開口部下端，iv) かぶりが小さい，および v) 水中などでの打込み，の場合には，十分すぎるほどの施工条件の把握と確認が必要である．

ノート　近年，施工が非常に難しい設計図が増えたと聞く．施工経験のほとんどない設計者が増えてきたのではないだろうか．

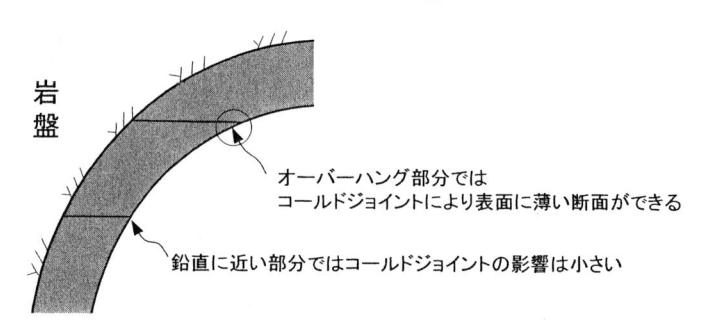

図8.6 トンネルライニングに生じたコールドジョイントの影響[9]

8.2.3 締固め
a. 意義
硬化したコンクリートが所要の強度，耐久性（能），水密性を有するために，型枠内に打ち込まれたコンクリートを型枠の隅々まで行きわたらせるとともに，空隙の少ない密実なものにし，さらに鉄筋などとよく密着させる必要がある．このために，締固め（compaction）を行う．

b. 方法
締固め方法としては，コンクリートのコンシステンシーなどによって，コンクリート振動機（vibrator），突き棒などによる方法を選ぶ．

普通のコンクリートでは，コンクリート棒形振動機による内部振動が最も効果が大きい．特に，やや硬練りのものに対しては，充填性に優れ，コールドジョイントの発生を防ぐ効果がある．特殊な形状のもの，工場製品などにおいては，外部振動を与えるコンクリート型枠振動機や表面振動機が用いられる場合もある．また，高流動コンクリートでは，締固めは不要のものもある．

c. 振動機の種類
1） 内部振動機　棒状振動体を持ち，これをフレッシュコンクリート中に差し込んで振動を与え，コンクリートを締め固める振動機である．

2） 型枠振動機　型枠外面から振動を与えてコンクリートを締め固める形式の振動機である．

3） 表面振動機　コンクリートの表面から振動を与えて締め固めたり，表面を平に仕上げたりする振動機である．通常，箱形あるいは平板状のものの上に発振部と原動機を固定している[6]．

d．振動締固め

振動締固めは，図8.7に示すように，コンクリートにある程度以上の振動（加速度）を加えると，コンクリートの粘性が急激に低下して液状化することを利用するものである．このため，振動機は，ある程度以上の振動数を出すことが必要である．JIS A 8610（コンクリート棒形振動機）では振動数に関して8000 rpm（round per minute）以上と規定されている．

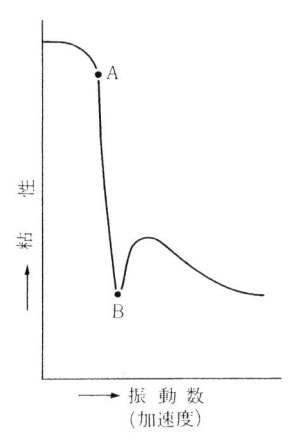

図8.7 振動数（加速度）とコンクリートの粘性[10]

所要の締固め（コンクリートを型枠の隅々まで行きわたらせるとともに，空隙の少ない密実なものにし，さらに鉄筋などとよく密着させる）を行うための留意事項は以下のようである．

① 振動時間は，打ち込まれたコンクリート面がほぼ水平となり，材料分離が生じない範囲とする．これは，振動時間が少なすぎると締固めが十分でないが，逆に1個所に長くかけすぎると，コンクリートが材料分離するので適切な時間がよいということである．通常は，1個所5～15秒程度である．

② 振動機は適切な間隔で挿入する．間隔が大きすぎると締固めが不十分な個所ができやすくなり，小さすぎると時間がかかりすぎるため，適切な間隔を選ぶ必要がある．

③ コールドジョイントを避けるため，振動機は下層のコンクリートに10 cm程度差し込むことが必要である．また，振動機は徐々に引抜き，あとに穴が残らないようにする．

④振動機を用いて，型枠内のコンクリートを横流ししてはならない．これは，材料分離を防ぐためである．

8.3 打　継　ぎ

8.3.1 定義および意義

JIS A 0203-1999では，打継ぎとは，「硬化したコンクリートに接して，新たなコンクリートを打込む行為」であり，打継目（construction joint）とは，「打継ぎを行った境界面の継目」である．

コンクリート構造物では，施工上の条件からやむをえず打継目が発生する．打継目は，完全な一体化とはなりにくく，この部分に隙間を生じることもあり，有害物質の侵入が容易となり，耐久性（能）上，構造性能上および美観上大きな欠陥となりうる．したがって，この欠陥を生じないよう，施工計画の段階から打継目の位置，方向，形式および施工方法を決めておき，適切な施工を行う必要がある．

なお，ここでは，打継目をその方向から，水平打継目と鉛直打継目に分けて述べる．

8.3.2 構造性能上の配慮

構造性能上，打継目はできるだけせん断応力の小さい位置に設け，打継面を圧縮応力が作用する方向と直角にするのが重要である．これは，打継目がせん断に弱いためである．やむをえず，せん断応力の大きな位置に設ける場合には，溝をつくるか，適切な鋼材で補強するなどの対策を行う．

8.3.3 水平打継目の施工

下層コンクリートの水平面は，ブリーディングやレイタンスの影響で欠点となりやすい．この欠点を最小限（完全になくすのが理想である）とすることが，水平打継目の施工で最も重要なことである．

要は，下層コンクリートを入念に施工することが重要であるが，打継目付近にブリーディングやレイタンスが対象となるコンクリート部材の性能（耐久性（能），水密性や美観，さらには耐荷性能など）に影響を及ぼす場合には，ブリ

ーディングやレイタンスそのものや影響を受けた部分を取り除く必要がある．この場合，緩んだ骨材があれば，これを取り除き，水洗いして十分に吸水させた後に上層コンクリートを打込んで十分に締め固めるとよい．

特に，打継目に高い性能を要求する場合の処理方法および逆打ち工法の場合の留意事項を示す．

① コンクリートの硬化前処理：これには，高圧の水を吹きつけてコンクリートの弱い部分を取り去るものや，打込み後のコンクリートの表面に凝結遅延剤を散布して，この表面の硬化を遅らせて打継目の一体化を容易処理とする方法などがある．

② コンクリート硬化後処理：これには，コンクリートの表層の数 mm を種々の方法（湿砂吹きつけ法（サンドブラスト法）やチッピング法など）で削り取るものがある．この後，下層コンクリートを適度に湿らせ，そのまま上層コンクリートを打込む場合や，モルタル数 mm を敷いてから上層コンクリートを打込む場合がある．

③ 逆打ちの場合の処理：逆打ち工法とは，地下でコンクリート構造体を施工する場合に，通常とは逆に上部の区間から下部の区間へとコンクリートを打込んでいく工法である．この場合，打継目は既設コンクリートの下側にできる．

逆打ち工法の場合，既設のコンクリートの下に打継ぐコンクリートがブリーディングなどにより沈下するため，打継目に隙間ができやすい．この隙間を埋める対策として，図 8.8 に示す，直接法，充填法や注入法などが採用されている．

8.3.4 鉛直打継目

打継面は，強度の要求度に応じて，ワイヤブラシ処理，サンドブラストやチッピング処理で面を粗として適切に吸水後，ペースト，モルタルや湿潤面用樹脂などを塗布し，新コンクリートを打込む．特に，面に沿ってブリーディングによる水みちができやすいので，このおそれがある場合には，適切な時期（数時間以内）に再振動締固めを行うとよい．

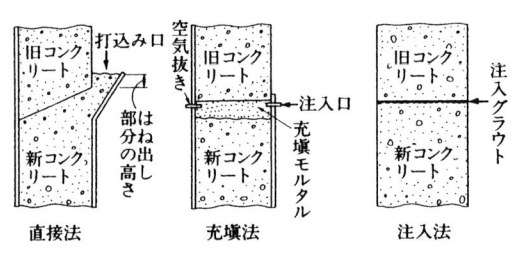

図8.8 逆打ちコンクリートの打継ぎ[11]

8.4 養　　生

8.4.1 定義および意義

養生（curing）は，「コンクリートに所要の性能を発揮させるため，打込み直後の一定期間，適当な温度と湿度に保つと同時に，有害な作用から保護する行為または処置（JIS A 0203）」である．具体的には，①硬化初期の適切な期間中に十分な水を与えること，②適切な温度に保つこと，③風雨や波などの気象・海象作用に対して保護すること，および④過度の振動などの外力から保護すること，である．

これらの目的のために行う養生を，①湿潤に保つ養生，②温度を制御する養生，および③有害な作用に対し防護する養生，に分類できる．なお，これらは，互いに独立ではなく，複数の目的に対し組み合わせて使用することが多い．

8.4.2 初期材齢での処置（初期養生）

まず，打込み後数時間，硬化を始めるまで，日光の直射，風などによる水分の一散を防ぐ．逆に，雨や飛沫から表面を保護する必要がある．これを怠ると，日光の直射を受けると表面が乾燥し，プラスチック収縮ひび割れなどが発生する．また，雨や飛沫があると表面の性能がきわめて悪くなる．このため，コンクリートを直ちにシートなどで覆い，日よけ雨よけとする．

悪い例では，スラブコンクリート打込みから初期養生時に強い雨（スコール）が降っているにもかかわらず，保護が全くなされずに表面コンクリートの実質上の単位水量がきわめて高くなり，翌日以降強い日射を受けてひび割れが

多数発生するものがある．この例では，このスラブに種々の補修を行っても，乾燥収縮やクリープが大きく，スラブ自体が大きくたわむという状況となる．

8.4.3 湿潤養生

初期養生後，一定期間コンクリートを湿潤状態に保つ養生を湿潤養生（wet curing or moist curing）という．この湿潤養生には，水中，散水または湛水によって外部から水を供給する養生，養生用マットや湿砂や湿布で表面を覆う養生，表面に剤を散布して膜をつくり水分の蒸発を防ぐ養生などがある．

土木学会コンクリート標準示方書［施工編］では，湿潤養生期間の標準を日平均気温15℃において，普通ポルトランドセメント，混合セメントB種，および早強ポルトランドセメントを用いた場合，各々5日，7日，3日以上としている．

やや蛇足であるが，混合セメントB種は，産業副産物利用，炭酸ガス発生抑制，さらには耐久性（能）の観点から非常に有利であるにもかかわらず使用量が伸びないのは，ここに示すように養生日数が普通ポルトランドセメントを用いた場合に比べ長いことにもある．

8.4.4 温度制御養生

打込み後（場合によっては初期養生後），一定期間コンクリートの温度を制御する養生をいう．この温度制御養生（temperature controlled curing）には，① 寒い時期に対するもの，② 暑い時期に対するもの，③ 水和熱が大きい場合に対するもの，および④ 促進養生（accelerated curing），などがある．

a．寒い時期に対するもの

外気温が著しく低く，それに伴ってコンクリート温度も著しく低くなる場合には，セメントの水和反応が阻害され，強度発現が遅れ，初期凍害を受けるおそれが高い．この場合，有害な影響を避けるために必要な温度条件を保つために給熱または保温による温度制御を一定期間行う必要がある．なお，日平均気温が4℃以下になる場合には，寒中コンクリートとして扱う必要がある．

b．暑い時期に対するもの

外気温が高く，それに伴ってコンクリート温度も著しく高くなる場合には，① 急激な水分の蒸発によってプラスチック収縮ひび割れが発生しやすくなる，

② コールドジョイントが発生しやすい，③ 初期強度の発現は速いが，長期強度が低下するおそれがある，④ 耐久性（能）も低下する，などの問題が生じる．

この場合，① 打込みを終了した後，速やかに養生を開始する，② コンクリート表面を乾燥から保護する，③ コンクリート表面と内部に大きな温度差が生じないよう断熱材などで保温・保護する，などの対策が考えられる．

日平均気温が 25°C を超える場合には暑中コンクリートとして対処する．

c． 水和熱が大きい場合に対するもの

マスコンクリート（部材寸法が大きい）の場合には，水和熱で部材内の温度が上昇する．この場合，① コンクリート部材と外部（岩（地）盤や既存のコンクリート部材）との温度差による温度応力（外部拘束による応力），あるいは ② この部材内での温度差による温度応力（内部拘束による応力）が生じ，ひび割れが発生するおそれがある．これを防ぐため，コンクリート内にあらかじめ設置したパイプに水を通してコンクリートの温度を下げる（パイプクーリング）対策や表面の保温を行い（併用する場合もある），コンクリートの平均温度や温度差を制御する．

d． 促進養生

初期（1～2日）のコンクリートの硬化を促進する目的で，例えばコンクリート工場製品の製造において，促進養生を行う．これには，蒸気養生，給熱養生，高温高圧養生（オートクレーブ養生：autoclaved curing）などがある．これらの促進養生は注意を怠ると，微細ひび割れの発生，局部的な温度上昇などの失敗のおそれがある．これを避けるため，養生開始時期（初期養生の期間），温度の上昇速度，冷却速度，養生温度および養生期間などを適切に定め，管理することが必要である．

8.4.5 有害な作用に対し保護する養生

まだ十分に硬化していないコンクリートに過大な荷重（衝撃や振動荷重も含む）が作用すると，壊れないまでも，ひび割れが生じることや過度のたわみが生ずるなどのおそれがある．このため，考慮外の荷重が作用しないよう，あるいは，支保工の取り外し時期を適切に定めるなどの考慮が必要である．

8.5　コンクリート製品の製造上での特徴

　7章の「製造」と少し重複するが，配合も含め，打込み，締固め，打継ぎ，養生でコンクリート製品の製造上での特徴を述べる．
　有利な特徴としては，運搬や打込みは，同一工場敷地内のことが多いため短距離・短時間で全く問題がないこと，さらには，打継ぎが必要なものもまれなことである．
　さらに，製品とするメリットを増大させるためには，できるだけ製品製造の能率をあげる必要がある．例えば，同じ規模の設備を考えた場合，1日でコンクリート製造から養生まで1回転できると，2日でできる場合に比較して2倍の製品を製造することができる．このため，1日1回転で製造可能な製造体制が必要となる．

8.5.1　配合の特徴

　配合は製品の種類や締固めの方法などで異なるのは当然であるが，一般には，水セメント比50％以下，スランプ2～10 cm程度の比較的硬練りの配合が多い．また，高強度を要求されることと，型枠（後述するが鋼製の高価なものが多い）を効率よく使用するために早期強度を発現して早期脱型が要求されるために富配合のものが多い．

8.5.2　締固めおよび型枠

　前述したように，できるだけ1日に1回転で製造することが基本となる．
　締固め方法としては，能率よく速い方法である振動締固め，遠心力締固めなどが用いられる．

　a．振動締固め

　これは，最も広く用いられている方法で，棒状の内部振動機や型枠振動機，もしくは振動台などを用いてコンクリートを締め固めるものである．型枠振動機は矢板，梁などに用いられる．振動台は板状製品や比較的小さい製品の締固めに適している．また，硬練りコンクリートを圧力と強力な振動により成型し，直後に脱型する即時脱型による製品製造も盛んであり，小型ブロックなど

の製造に用いられる．

b．遠心力締固め

この締固めは，コンクリートを詰めた型枠を高速回転して（図8.9），遠心力でコンクリートを締め固めるものである．一般に，この方法はパイプ，パイル（pile），ポール（pole，電信柱として多用）などの中空円筒形の製品に用いられる．

この方法では，型枠の回転時の振動による締固め効果と遠心力による水分の搾り出しによる水セメント比の低下などによって，強度と密度の高いコンクリートを得ることができる．

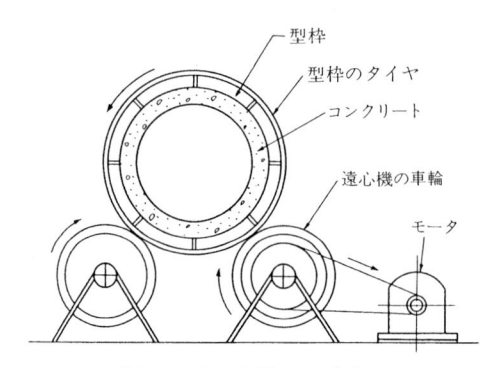

図8.9 遠心力締固めの方法[12]

c．型 枠

型枠は上記のような締固め方法に対応して，振動中の圧力や養生中の温度変化によって形状や寸法に狂いが生じずに，繰り返し使用できるものが必要である．また，組立てや取外しが容易であることも必要である．一般には，鋼製である．

型枠は高価であるので，型枠の使用能率（回転）を速める必要がある（前述のように1日1回転など）ので，即時脱型工法が用いられることもある．一般には，促進養生（蒸気養生や高温高圧養生）を併用することが多い．

8.5.3 養 生

養生は，製品の早期出荷や型枠の回転を速くするために促進養生が多く用いられる．なお，一部の工場では，散水養生などが用いられている．

a．常温蒸気養生

これは，「大気圧力下で高湿度の水蒸気の中で行う促進養生（JIS A 0203）」である．この養生によって初期強度が促進される．

この方法は，微細ひび割れの発生や長期強度の低下などが起こるおそれがある．このため，前養生（初期養生）期間をできるだけ長く取る，温度上昇速度をできるだけ遅くする，養生温度をあまり高くしない，冷却速度をできるだけゆるやかにする，などを適切に考慮する必要がある．

b．高温高圧養生（オートクレーブ養生）

これは，「高温・高圧の蒸気（オートクレーブ）の中で，常温より高い圧力下で高温の水蒸気を用いて行う蒸気養生（JIS A 0203）」のことである．

通常，常圧蒸気養生を行った後この養生を行うことが多い．温度は180～190℃，圧力は1.0～1.1 MPaの範囲が一般的である．この条件では，水熱反応と呼ばれる反応を起こし，トベルモライト（厳密にはトベルモライトに類似したもの）と呼ばれる強度の高い反応物が生成する．これによって，コンクリート強度（設計基準強度70～90 N/mm^2）のコンクリートを製造することが可能となる．

この養生方法と遠心力締固めの組合せで，パイル，ポールなどが製造される．

◆演習問題◆

1．コンクリートの運搬に関する次の記述のうち，適切なものはどれか．
　①コンクリートの運搬に要する時間は，正確に把握する必要がない．
　②コンクリート運搬車であるアジテータトラックには，練混ぜるためのミキサが付設されている．
　③運搬中にワーカビリティーが低下した場合には，荷卸地点で適量の水を加えることが望ましい．
　④ポンプ圧送によりスランプが低下した場合，打込み作業性が低下し，また材料分離が生じるため，コールドジョイントが生じる可能性が高くなる．

【解　答】　④
【解　説】　①運搬に要する時間は，短いほどよく，また正確なほどよい．

② アジテータ車は運搬のために用いられ，練混ぜ機能を有していない．
③ 不法加水は禁止されている．
④ 適切である．

2．コンクリートの打込み・締固めに関する次の記述のうち，適切なものはどれか．
　① コンクリートの性能は，締固めなどの施工性能の良否により，大きく変化する．
　② 打込みは，できるだけ高い位置から自由落下させることが望まれる．
　③ 上層のコンクリートを打込む際，振動機を下層のコンクリートに差込むことは禁止されている．
　④ 型枠内のコンクリートを横流しするには，振動機を用いることが望ましい．

【解　答】　①
【解　説】　① 適切である．
　② 材料分離を防止するため，自由落下を最小限にする．
　③ 下層のコンクリートに振動機を 10 cm 程度差込み，十分な締固めを行う．
　④ 振動機を用いて，型枠内のコンクリートを横流ししてはならない．

3．養生に関する次の記述のうち，不適切なものはどれか．
　① 打込み後数時間は，水分の蒸発を防ぐため，日よけ風よけともに重要である．
　② 標準的な湿潤養生期間は，普通ポルトランドセメントを用いたコンクリートの場合，1日である．
　③ 外気温が著しく低い場合，セメントの水和反応が阻害され，強度発現が遅れるため，給熱または保温による温度制御を行う必要がある．
　④ 促進養生の際は，微細ひび割れの発生を防止するため，十分な注意を要する．

【解　答】　②
【解　説】　①③④ 適切である．
　② 標準的な湿潤養生期間は，普通ポルトランドセメントを用いたコンクリートの場合，5日である．

4．日平均気温 25°C 以上でコンクリートを施工する際の注意事項を述べよ．また日平均気温が 4°C 以下でコンクリートを施工する際の注意事項を述べよ．

【解答例】

　日平均気温25°C以上で施工されるコンクリートを，暑中コンクリートと呼ぶ．気温が高いと，それに伴ってコンクリートの温度も高くなり，運搬中におけるスランプの低下，連行空気量の減少，コールドジョイントの発生，表面水の急激な蒸発によるひび割れの発生，温度ひび割れの発生などの危険性が増す．これらを防ぐため，打込み時および打込み直後において，できるだけコンクリートの温度が低くなるように，材料の取扱い，練混ぜに加え，現場内での運搬，打込みおよび養生などについて特別の配慮が必要である．

　また，日平均気温が4°C以下で施工されるコンクリートを，寒中コンクリートと呼ぶ．硬化前のコンクリートが氷点下にさらされると，容易に凍結膨張し，初期凍害を受ける．初期凍害を受けたコンクリートは，その後適切な養生を行っても強度を回復することはなく，耐久性，水密性などが著しく劣ったものとなる．また，コンクリートが凍結しないまでも4°C以下の低温度にさらされると，凝結および硬化反応が相当に遅延するため，早期に施工荷重を受ける構造物では，ひび割れや残留変形などの問題が生じやすくなる．したがって，寒中コンクリートの施工では，以下に示す事項を特に守らなければならない．①凝結硬化の初期に凍結させない．②養生終了後，暖かくなるまでに受ける凍結融解作用に対し十分な抵抗性を持たせる．③工事中の各段階で予想される荷重に対して十分強度を持たせる．特に上記①を注意するために以下に示す方法をとるとよい．(a) 4〜0°Cでは簡単な注意と保温とで施工する．(b) 0〜−3°Cでは，水または水および骨材を熱すると同時に，ある程度の保温を行う．(c) −3°C以下では，水および骨材を熱してコンクリートの温度を高めるだけでなく，必要に応じて適切な保温，給熱を行い，打ち込んだコンクリートを所要の温度に保つなどの処置を行う．

9. コンクリート部材の耐久性，耐久性能および耐久性照査

　本章では，耐久性，耐久性能および耐久性照査について述べるとともに，特に，中性化，塩害，凍害およびアルカリ骨材反応に関する劣化および耐久性照査について述べる．

9.1　耐久性，耐久性能および耐久性照査とは

9.1.1　概　説

　あらゆるもの（物，者）には，寿命がある．コンクリート（部材）も例外ではなく，いつかは劣化が著しくなって寿命がくる．

　コンクリート（部材）の寿命については，いろいろの議論がある．半永久的な寿命を主張する人もいる．逆に，コンクリートは長寿命の構造物には不向きではないかと悲観的な人もいる．

　合理的に考えるには，「何年間供用（使用）したいのか」を明確にして，この期間（年数）内に起こる種々の劣化機構による劣化を許容範囲に収めるように考えるのがよさそうである．すなわち，まず，何年間供用したいのかを決め，それに対応して構造物（部材）を何年間持たせるかという設計耐用期間を定める．さらに，設計時に，対象とする構造物（部材）の使用材料や環境条件を把握して，それらに関連する種々の劣化機構を調べて，その劣化機構による劣化を設計耐用期間内にある程度以下に抑えるか，一歩引いて，数十年後に1回大きな補修をして設計耐用期間を乗り切るなどの作戦が考えられる．

　この場合に考えなければいけないのが，種々の劣化機構に対するコンクリート（部材）の耐久性である．コンクリート（部材）の耐久性は，考える劣化機構で各々異なってくる．すなわち，このコンクリート（部材）は，中性化には強いが，アルカリ骨材反応には弱い，といったことである．

さて，劣化機構には，中性化，塩害，凍害，アルカリ骨材反応などの環境作用が原因のものと，疲労や過大荷重などの主として荷重条件が原因のものに大きく分類することができる．本書では，特に，中性化，塩害，凍害およびアルカリ骨材反応の劣化について述べる．また，どのような対策を行えば，各々の劣化機構に対する耐久性が向上するかについても述べる．

さらに，各々の劣化機構に対して，耐久性照査の概要を述べる．

なお，劣化（劣化機構および劣化過程）と対策については，土木学会コンクリート標準示方書［維持管理編］[1]に，耐久性照査については土木学会コンクリート標準示方書［施工編］[2]に準拠した．

9.1.2 関連する用語

本項では，耐久性，耐久性能および耐久性照査に関する用語について解説する．誤解しやすいので注意を要する．

a. 耐久性，耐久性能，設計耐用期間および耐久性照査

①耐久性：「構造物（部材）の性能（機能）低下の経時変化に対する抵抗性」と定義される．劣化機構に対応する．

②耐久性能：「構造物（部材）の要求性能を，供用期間内に維持する性能」と定義される．したがって，同一の耐久性であっても，予定供用期間あるいは設計耐用期間が短ければ耐久性能は十分，予定供用期間あるいは設計耐用期間が長ければ耐久性能は不十分と判定されることがある．「耐荷力と安全性能と設計荷重」と「耐久性と耐久性能と設計耐用期間」がほぼ同じ対応関係にある．

③設計耐用期間：「設計時において，構造物または部材が，その目的とする機能を十分果たさなければならないと規定した期間」と定義される．供用者が設定するのが妥当であるが，合理的な設定は難しい．

④耐久性照査：設計段階で，ある劣化機構に対して，設計しているコンクリート（部材）が設計耐用期間内に許容される劣化度以内であることを確かめる行為．

⑤供用期間：構造物を供用する期間．

ノート　建物の例で申し訳ないが，わが国の建物の平均的な供用期間は，鉄筋コンクリートや木造を問わず30年程度である．これに対し，欧米はすべて100年以上

である.また,わが国では新築のほうが高価であるが,例えば米国では中古のほうが高価である.

b. 変状,初期欠陥,損傷,劣化の使い分けについて
① 変状:初期欠陥,損傷および劣化の総称.
② 初期欠陥:施工時に発生するひび割れや豆板(ジャンカ),コールドジョイント,砂すじなどをいう.
③ 損傷:地震や衝突などによるひび割れや剝離など,短時間のうちに発生し,その変状が時間の経過によっても変化しないもの.
④ 劣化:変状のうち時間の経過に伴って変化するもの.

c. 劣化機構と劣化現象
① 劣化機構:塩害とかアルカリ骨材反応といった原因からメカニズムを含んだ一連の劣化の進行をいう.
② 劣化現象:劣化の具体的な現象,すなわち,ひび割れが発生したとか鉄筋が腐食 (corrosion) して錆が出た,といったことを指す.

9.2 中　性　化

9.2.1 中性化とは

中性化は,「硬化したコンクリートが空気中の炭酸ガスの作用を受けてしだいにアルカリ性を失っていく現象.炭酸化と呼ばれることもある (JIS A 0203)」と定義される.

この劣化機構では,コンクリート自体が強度低下したりすることはなく,コンクリートの鋼材の腐食が問題となる.

なお,炭酸ガス以外の原因によっても中性化は起こるが,これらには排気ガスによるものや長期間にわたる水中での $Ca(OH)_2$ の溶出によるものなどがある.厳密には,炭酸ガスによるものを carbonation,他の原因によるものを含んだものを neutralization というが,通常は区別していない.

9.2.2 中性化による劣化の進行

a. 中性化の進行

空気中の炭酸ガス（二酸化炭素）によって，コンクリート内のセメント水和物の主な水和物である C-S-H と $Ca(OH)_2$ は次のような化学反応を起こす（単純化している）．

C-S-H（ケイ酸カルシウム水和物）

$3CaO \cdot SiO_2 \cdot 3H_2O + 3CO_2 \rightarrow 3CaCO_3 + SiO_2 + 3H_2O$

$Ca(OH)_2$（水酸化カルシウム）

$Ca(OH)_2 + CO_2 \rightarrow CaCO_3 + H_2O$

この反応は，空気に触れるコンクリート表面より内部に進行していく．また，炭酸ガスの表面からの拡散が内部に進行していく速度を決定する．

拡散によって反応が進行する際には，通常，拡散方程式を解けばよい．この解は誤差関数などで表され，近似的に $y \propto \sqrt{t}$ で表される（ここで，y：対象とする物質が任意の濃度である表面からの距離，t：時間）．この場合，コンクリートを近似的に均一（骨材，ペースト，境界相などを区別せず）と考えている．

これを中性化にあてはめたのが，いわゆる $\sqrt{t}$ 則である．また，多くの実験にも裏づけされ，次の式で表される．

$$y = b\sqrt{t}$$

ここで，y：中性化深さ (mm)，t：中性化期間（年），b：中性化速度係数 (mm/$\sqrt{年}$)

後述するが，多くの実験結果より，b の値は配合や環境条件より予測可能である．

b. 鋼材腐食の進行

鋼材を包んでいるコンクリートのpHが11程度以下となると，鋼材が腐食しやすくなる．pHが低くなると，鋼材（もちろん鉄筋も含む）表面の鋼材を保護し腐食しにくくしていた皮膜（これを不動態皮膜という）が破壊される．この状態で，水と酸素（空気）があると鋼材の腐食が進行する．

腐食によって錆が発生すると，錆はもとの鋼より体積が2～3倍となるので見かけ上，鉄筋などが体積膨張することになり，周囲のコンクリートを押しやりコンクリートに引張応力が発生することになる．前述したように，コンクリ

ートの引張強度は小さいので,ひび割れが容易に発生する.ひとたびひび割れが発生すると,水,空気(炭酸ガスおよび酸素)の侵入がさらに容易となり,腐食は進行し,かぶりコンクリートの剝落,さらには,鋼材の有効な断面積が減少し,最終的には耐荷力も低下する.すなわち,なにかが乗ると壊れてもおかしくない状態となる.

一般に中性化深さと腐食発生の位置は若干ずれることが多く,中性化深さが鋼材位置に達する以前に腐食が発生する場合も多い.このずれを中性化残りという.研究者により種々の意見があるが,土木学会では 10～25 mm としている.

c. 中性化による劣化過程(土木学会コンクリート標準示方書[維持管理編]に準拠)

[維持管理編]では,ほとんどの劣化機構に対して,劣化機構を潜伏期,進展期,加速期,劣化期の 4 つの期に分けることを原則としている.

前述したように,中性化による性能低下は主として鋼材腐食であり,中性化そのものによるコンクリートの強度変化などは考慮しなくてよいことから,中性化による構造物(部材)の性能低下は図 9.1 のように,中性化深さが鋼材の腐食発生限界に達するまでの潜伏期,腐食開始から腐食ひび割れが生じるまでの進展期,ひび割れの存在によって腐食速度が増大する加速期,鋼材腐食の進行によって耐荷力などの低下が顕著な劣化期に区分される.また,各劣化過程の定義およびそれらの期間を決定する要因は,表 9.1 のように考えられる.

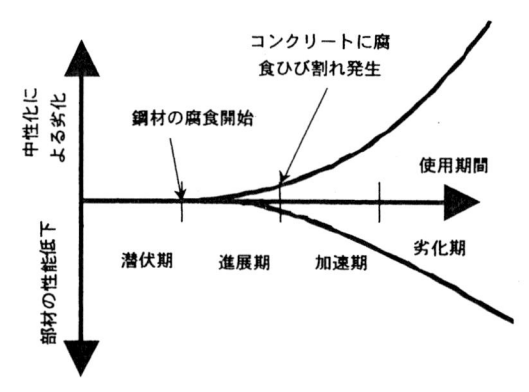

図 9.1 中性化による劣化進行過程[1]

9.2 中 性 化

表9.1 各劣化過程の定義（中性化）[2]

劣化過程	定　　義	期間を決定する要因
潜伏期	中性化深さが鋼材の腐食発生限界に到達するまでの期間	中性化進行速度
進展期	鋼材の腐食開始から腐食ひび割れ発生までの期間	鋼材の腐食速度
加速期	腐食ひび割れの発生により鋼材の腐食速度が増大する期間	ひび割れを有する場合の鋼材の腐食速度
劣化期	鋼材の腐食量の増加により耐荷力の低下が顕著な期間	

9.2.3 対　策

対策は，中性化の進行が鋼材に達するのを遅くするものと鋼材を腐食しにくくするものの2つに分けられる．

① 中性化が鋼材に達するのを遅くするもの：コンクリートの水セメント比を下げるなどして，中性化速度が遅くなるような密実なコンクリートとする．また，コンクリート表面に塗装やタイルを張るということも有効である．また，コンクリートのかぶりを大きくすることも対策となる．

② 鋼材を腐食しにくくするもの：エポキシ塗装鉄筋などが考えられるが，これは中性化よりむしろ塩害で使用される．

9.2.4　耐久性照査（土木学会コンクリート標準示方書［施工編］に準拠）

基本は，「構造物（部材）の所要の性能が，コンクリートの中性化によって損なわれてはならない」である．

中性化の場合には，中性化による劣化過程が，耐用期間内に潜在期であればよいという基本的考えである．

具体的には，土木学会[3]では，

「中性化に関する照査は，中性化深さの設計値 y_d の鋼材腐食発生限界深さ y_{lim} に対する比に構造物係数 γ_i を乗じた値が，1.0以下であることを確かめることによって行ってよい」として，次の式を示している．

$$\gamma_i \frac{y_d}{y_{lim}} \leq 1.0$$

この意味するところは，① 中性化が年々進んでいって設計耐用期間になるときの深さを予測する（y_d），② この深さ以上に中性化が進行すると腐食が始まるという深さをかぶりなどから計算する（y_{lim}），③ y_d が y_{lim} より大きくなると，すなわち中性化の影響が鋼材に及ぶと腐食が始まり，設計耐用期間内に

腐食が始まることになるので，こうならないように y_d/y_{lim} が1.0より小さくなるよう照査する，④安全係数で安全をみる，ということである（詳細は土木学会コンクリート標準示方書[施工編]参照）．

9.3 塩　　害

9.3.1 塩害とは

塩害（chloride attack）とは，「コンクリート中の塩化物イオンによって鋼材が腐食し，コンクリートにひび割れ，剥離，剥落などの損傷を生じさせる現象（JIS A 0203）」と定義される（注：ここでの損傷は，本書では劣化に分類される）．

中性化と同様に，コンクリート自体の物性変化よりも，内部鋼材の腐食が問題である．また，コンクリート中に塩化物イオンが，練混ぜ時より含まれる場合に内在塩化物イオン，建設後に外部の海洋や港湾環境より含まれる場合に外来塩化物イオンと区別する．内在と外来塩化物イオンでは，劣化過程や対策に大きな違いがある．

9.3.2 塩害による劣化

a．塩化物イオンの浸入

内在塩化物イオンの場合には，この浸入過程は考えなくてよい．

外来塩化物イオンの場合には，一般には，拡散で浸入してくる．これは，ほぼ中性化での炭酸ガスと同じであるが，塩害の場合には，$\sqrt{t}$ 則は使用せずに，かなり厳密な拡散方程式の解を用いている．
（注：厳密には，塩化物イオンの脱吸着や他のイオンの影響もあるので，拡散現象のみでは説明できない．）

b．鋼材腐食の進行

鋼材周囲の塩化物イオン濃度がある値（これを腐食発生限界値ともいう）以上になると，不動態皮膜が破壊され腐食が発生する．

この後は，ほぼ中性化での鋼材腐食と同様である．ただし，中性化でのものより，腐食速度が速く，局部的な腐食になりやすい．

表9.2 塩素イオン含有量と不動態の存在[4]

モルタル重量に対する塩素量（%）（平均値）	≦0.075	0.075<≦0.125 (0.10)	0.125<≦0.175 (0.15)	0.175<≦0.225 (0.20)	0.225<≦0.275 (0.25)	0.275<≦0.325 (0.30)	0.325<≦0.375 (0.35)	0.375<≦0.425 (0.40)	0.425<
不動態を有する供試体の比率（%）	95	83	82	47	46	52	42	21	4

どの濃度になれば腐食が発生するかということは，非常に難しい問題である．表9.2には，塩化物イオン濃度（表では塩素量：モルタル重量に対する比で表してある）とそれに対する腐食の確率（不動態皮膜のある確率）を示してある．これをみると，腐食は非常に確率的な現象であって，一義的に決めるのは難しい．

土木学会では，内在塩化物イオン量については，ほぼ95%以上の確率で腐食が起こらない0.3 kg/m³を限界値としている．外来塩化物イオンについては，限界値を1.2 kg/m³（不動態皮膜のある確率は80%以上）としている．

c. 塩害による劣化過程

中性化と同様に4つの期に分けることができる．すなわち，図9.2に示すように，鋼材の腐食が開始（不動態皮膜が破壊）するまでの潜伏期，腐食開始から腐食ひび割れ発生までの進展期，腐食ひび割れの影響で腐食速度が大幅に増

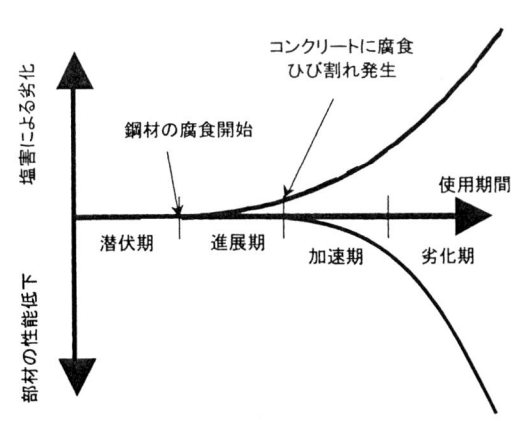

図9.2 塩害による劣化進行過程[5]

表9.3 各劣化過程の定義(塩害)[6]

劣化過程	定　義	期間を決定する要因
潜伏期	鋼材のかぶり位置における塩化物イオン濃度が腐食発生限界濃度に達するまでの期間	塩化物イオンの拡散 初期含有塩化物イオン濃度
進展期	鋼材の腐食開始から腐食ひび割れ発生までの期間	鋼材の腐食速度
加速期	腐食ひび割れの発生により鋼材の腐食速度が増大する期間	ひび割れを有する場合の鋼材の腐食速度
劣化期	鋼材の腐食量の増加により耐荷力の低下が顕著な期間	

加する加速期,および鋼材の大幅な断面減少などにより耐荷力などの性能が大幅に低下する劣化期の4つである.また,各劣化過程と期間を決定する要因は,表9.3のように考えられる.

9.3.3 対　策
a．基　本
対策の基本は以下のようになる.
① 水,酸素,塩化物イオンをコンクリートおよび外部環境から除去する.
② 水,酸素,塩化物イオンのかぶりコンクリート中への浸入・拡散を防止する.
③ かぶりコンクリート中の水,酸素,塩化物イオンが鋼材表面に到達するのを防止する.
④ 腐食しにくい鋼材を用いる.
⑤ 電気防食(外部から鋼材に電気を流して腐食させない)を行う.
⑥ 防錆剤(鋼材の表面を錆びにくくする)を用いる.
などがある.

内在塩化物イオンには,④,⑤,⑥が考えられる.また,外来塩化物イオンには,②,③,⑤が考えられる.①は理論的には可能であるが,なかなか実現できない.

さらに,コンクリートのみで対処する方法を第1種防食法,それ以外の方法を組み合わせるものを第2種防食法と分類する場合もある.

b．第1種防食法
この防食法は,密実なコンクリートを製造し,ひび割れなどの欠陥のない施工を行うことで防食しようとするものである.すなわち,かぶり,ひび割れ,

表9.4 基本かぶり c_p の値 (mm)[7]

環境条件 \ 部材	スラブ	はり	柱
一般の環境	25	30	35
腐食性環境	40	50	60
特に厳しい腐食性環境	50	60	70

コンクリートの配合（水セメント比，単位セメント量，空気量など），施工を適切に行うものである．

かぶりについて土木学会コンクリート標準示方書では，最小かぶりの基本かぶり c_p を表9.4に定めている．

c. 第2種防食法

コンクリートのみで対策を講じても，かぶりがどうしても c_p 以下になってしまう場合に第2種防食法を検討する．

これには，防食鉄筋（エポキシ樹脂鉄筋）を用いるもの，コンクリート表面に防食層（塗装や永久型枠設置など）を形成するもの，および前述の電気防食などがある．

9.3.4 耐久性照査（土木学会コンクリート標準示方書［施工編］に準拠）

a. 外来塩化物イオンの場合

基本は，「構造物（部材）の所要の性能が，塩化物イオンの侵入による鋼材腐食によって損なわれてはならない」である．

塩害の場合には，中性化と同様に劣化過程が，耐用期間内に潜在期であればよいという基本的考えである．ただし，場合によっては進展期も許容するが，進展期まで自信を持って照査をできる組織（個人）はほとんどいないのが現状である．

具体的には，土木学会[8]では，「塩化物イオンの侵入に伴う鋼材腐食に関する照査は，鋼材位置における塩化物イオン濃度の設計値 C_d の鋼材腐食発生限界濃度 C_{lim} に対する比に構造物係数 γ_i を乗じた値が，1.0以下であることを確かめることによって行ってよい」として，次の式を示している．

$$\gamma_i \frac{C_d}{C_{lim}} \leq 1.0$$

表9.5 コンクリート表面における塩化物イオン濃度 C_0 (kg/m³)[9]

飛沫帯	海岸からの距離 (km)				
	汀線付近	0.1	0.25	0.5	1.0
13.0	9.0	4.5	3.0	2.0	1.5

この意味するところは，①塩化物イオンが年々侵入していって設計耐用年数になると鋼材位置の塩化物イオン濃度を予測する（C_d），②鋼材位置の塩化物イオン濃度がこの濃度以上になると腐食が始まるという鋼材腐食発生限界濃度を決める（C_{lim}：一般には1.2 kg/m³とすることが多い），③ C_d が C_{lim} より大きくなると，すなわち鋼材位置の塩化物イオン濃度が鋼材腐食発生限界濃度を超えると腐食が始まり，設計耐用期間内に腐食が始まることになるのでこうならないように C_d/C_{lim} が1.0より小さくなるよう照査する，④安全係数で安全をみる，ということである（詳細は土木学会コンクリート標準示方書[施工編] 参照）．

b．内在塩化物イオンの場合

外来塩化物イオンがない環境条件の場合には，練混ぜ時にコンクリート中に含まれる塩化物イオンの総量が 0.3 kg/m³ 以下であれば，これをもって照査に合格としてよい．

9.4 凍 害

9.4.1 凍害とは

凍害とは，「凍結または凍結融解の作用によって，表面劣化，強度低下，ひび割れ，ポップアウトなどの劣化を生じる現象（JIS A 0203）」と定義される．

コンクリート自体の劣化が主な問題であるが，この劣化が進行すると，鉄筋コンクリートでは鋼材腐食が発生する．

9.4.2 凍害による劣化および劣化過程

コンクリートの凍害では，わが国では主として冬に，コンクリート内の水分が夜に凍結し，日中に融解することで，凍結融解を繰り返す．その際，コンクリートにひび割れが発生して，表層に近い部分から破壊し劣化が進行していく．

9.4 凍害

　水は，凍結するときに，拘束がなければ9％の体積膨張を生じる．また，コンクリート中の水は，温度が低くなるにつれて，大きな空隙中の水が凍結し，徐々に小さな空隙の水が凍結していく．この過程で，9％の体積膨張があるので，余った水はどんどん小さな空隙に追いやられていく．さらに温度が低くなり，それ以下の空隙がない状態まですべて凍結し，エントレインドエアー（AE剤による微小な気泡）がないと，どこにも行き場のない水により大きな圧力が生じ，コンクリートに引張応力が働きひび割れなどが生じる．その後，いったん氷が融解しまた凍結するとこの作用を繰り返すことになる．これにより，コンクリート表面の破壊あるいは剥落が生じ，コンクリート断面が小さくなっていく．

　さらに，鉄筋コンクリートであると，鉄筋が露出し，鉄筋腐食も発生し，劣化が加速される．以下に，凍害の劣化過程を土木学会コンクリート標準示方書［維持管理編］に沿って述べる．

　これによると劣化過程を，中性化の劣化過程と同じように4つの期に区分する．すなわち，凍害によるスケーリングなどが発生するまでの潜伏期，凍害は進行するが鋼材腐食にまでは至らない進展期，凍害深さ（凍害によるコンクリ

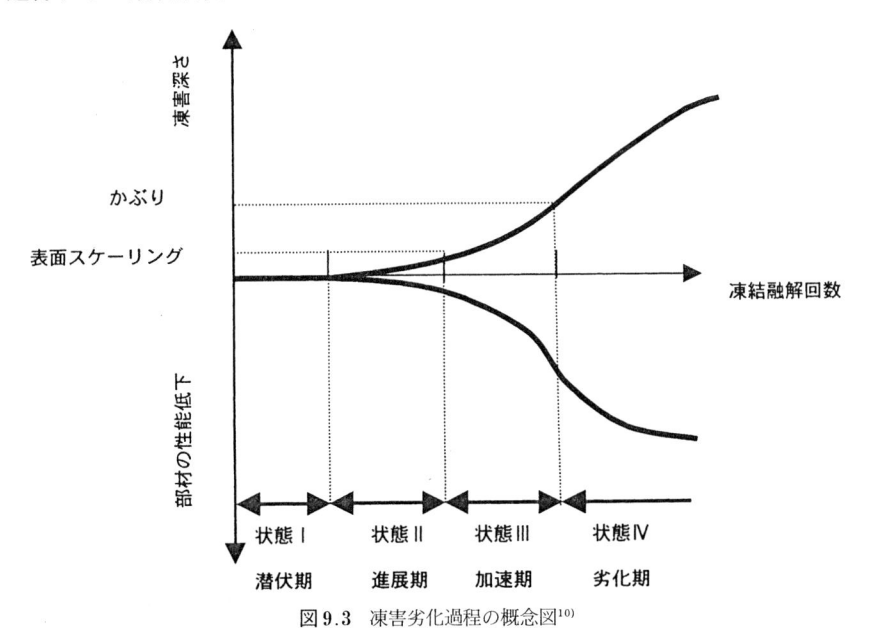

図9.3　凍害劣化過程の概念図[10]

表9.6 各劣化過程の定義（凍害）[11]

劣化過程	定義	期間を決定する要因
潜伏期	凍結融解作用は受けるが劣化が顕在化しない期間	凍害発生の可能性の有無，凍結融解回数
進展期	コンクリート表面の劣化は進行するが，鋼材腐食がない期間	凍害深さ（凍結融解回数，凍結水量）
加速期	コンクリートの劣化が大きくなり，鋼材腐食が増大する期間	凍害深さ，鋼材の腐食速度
劣化期	コンクリートの劣化がかぶり以上になり，耐荷力の低下が顕著になる期間	鋼材の腐食速度

ートの劣化進行深さ）が鋼材位置に達して鋼材腐食が進む加速期，凍害深さが鋼材位置より大きくなり耐荷力に影響を及ぼす劣化期に区分される．凍害による凍害深さの増大と構造物の性能低下の関係の概念は，図9.3に示すようにモデル化することができる．また，各劣化過程と期間を決定する要因は表9.6のように考えられる．

9.4.3 対 策

凍害は，水分がコンクリート中で凍結し，コンクリート中に大きな（引張）応力が発生して，凍結融解を繰り返すことによって劣化が進行するのである．このため，①外部からの水分の供給を断つ，②コンクリート中組織への水の浸入を断つ，③凍結融解を繰り返さない，④コンクリート内部での応力発生を緩和する，などが対策として考えられる．

①外部からの水分の供給を断つ：完全に断つことは困難ではある．緩和策として，排水設備を設ける，表面に塗装をする，などが考えられる．

②コンクリート中組織への水の浸入を断つ：低水セメント比として，吸水率の小さな骨材を用いる，境界層を密実にする，などが考えられる．さらに，種々の原因によるひび割れ発生を防ぐことは非常に重要である．

③凍結融解を繰り返さない：これも困難ではあるが，設計に際し重要な部材に対してできるだけ凍結融解の繰り返しが起こらないよう配慮することもできる．

④コンクリート内部での応力発生を緩和する：良質なAE剤（AE減水剤，高性能AE減水剤も含む）を用いて，適量のエントレインドエアーを含んだAEコンクリートとする．

⑤ その他：①，②，③とも関連するが，表面積をできるだけ少なくする．これには，鋭角的な構造は避ける，などが含まれる．

9.4.4　耐久性照査（土木学会コンクリート標準示方書［施工編］に準拠）

基本は，「構造物（部材）の所要の性能が，凍結融解作用によって損なわれてはならない」である．

この照査として，［施工編］では，一般に JIS A 1148（A法）「コンクリートの凍結融解試験法（水中凍結融解試験方法）」による相対弾性係数を指標として用いることとしている．また，基本は相対動弾性ではあるが，いままでの経験からコンクリートの水セメント比がある値以下であれば，相対動弾性係数の条件を満たすものとみなすことも可能である．

少し難解であるので，基本的な考え方と凍結融解試験を述べる．

a．基本的な考え方

本来は，定量的な性能変化（竣工からの年月を横軸にとって，縦軸に性能を示す）から，性能が設計耐用期間内に許容される範囲にあるように照査したい．ところが，そのような解析や計算はまだない．次善として，凍結融解試験の凍結融解の回数と実際の年数とを結びつけて横軸に，相対動弾性係数と性能を結びつけて縦軸に，ということから耐用期間と性能を結びつけようということを考えているが，いま一歩未完成である．その途中の段階として，次に示す JIS A 1148 での凍結融解 300 回が耐用期間以上に相当すると考え，相対動弾

表9.7　凍害に関するコンクリート構造物の性能を満足するための相対弾性係数の最小限界値，E_{min} (%)[12]

構造物の露出状態 \ 気象条件 \ 断面	気象作用が激しい場合または凍結融解がしばしば繰返される場合		気象作用が激しくない場合，氷点下の気温となることがまれな場合	
	薄い場合[2]	一般の場合	薄い場合[2]	一般の場合
(1) 連続してあるいはしばしば水で飽和される場合[1]	85	70	85	60
(2) 普通の露出状態にあり，(1)に属さない場合	70	60	70	60

1) 水路，水槽，橋台，橋脚，擁壁，トンネル覆工等で水面に近く水で飽和される部分および，これらの構造物のほか，桁，床版等で水面から離れてはいるが融雪，流水，水しぶきのため，水で飽和される部分など
2) 断面厚さが 20 cm 程度以下の構造物の部分など

性係数がある値（最小限界値）以上であれば，性能を満足するとみなして，定量的な照査に代えている．これが基本的な考えである．この考えによる凍害に関するコンクリート構造物（部材）の性能を満足するための相対動弾性係数の最小限界値（$E_{\min}$）％を表9.7に示す．

さらに，水セメント比がある値以下であれば，相対動弾性係数も最小限界値の条件を満たしており，これで照査に対応させることもできる．この考えによるコンクリートの所要の相対動弾性係数を満足するための最大水セメント比（％）を表9.8に示す．

表9.8 コンクリートの所要の相対動弾性係数を満足するための最大水セメント比（％）[13]

構造物の露出状態 \ 気象条件 断面	気象作用が激しい場合または凍結融解がしばしば繰返される場合		気象作用が激しくない場合，氷点下の気温となることがまれな場合	
	薄い場合[2]	一般の場合	薄い場合[2]	一般の場合
(1) 連続してあるいはしばしば水で飽和される場合[1]	55 (85)	60 (70)	55 (85)	65 (60)
(2) 普通の露出状態にあり，(1)に属さない場合	60 (70)	65 (60)	60 (70)	65 (60)

1) 水路，水槽，橋台，橋脚，擁壁，トンネル覆工等で水面に近く水で飽和される部分および，これらの構造物のほか，桁，床版等で水面から離れてはいるが融雪，流水，水しぶきのため，水で飽和される部分など
2) 断面厚さが20 cm程度以下の構造物の部分など

b．凍結融解試験方法（JIS A 1148）の概要

コンクリートの供試体（$10 \times 10 \times 40$ cm）を水中で凍結し融解する（A法：水中凍結融解試験方法），あるいは気中で凍結し水中で融解する（B法：気中凍結水中融解試験方法）ことを繰り返し，動弾性係数を適時測定し試験開始時のものとの比（これを相対動弾性係数％という）を計算する．凍結融解1サイクルは3～4時間で，供試体の中心部温度が5℃から-18℃に下がり，-18℃から5℃に上がるものとする．

一般に，B法のほうがA法より厳しい試験となる．通常は，aで述べたようにA法の結果で凍害に対する性能照査を行うが，気象条件がより厳しいと判断したときにはB法を用いるのがよい．

9.5 アルカリ骨材反応

9.5.1 アルカリ骨材反応とは

アルカリ骨材反応（alkalis aggregate reaction：AAR）とは，「アルカリとの反応性を持つ骨材が，セメント，その他のアルカリ分と長期にわたって反応し，コンクリートに膨張ひび割れ，ポップアウトを生じさせる現象（JIS A 0203）」と定義される．

これも，コンクリート自体の劣化が主たる問題である．種々の新しい骨材を用いようとする場合に障害となる劣化機構である．また，劣化が顕在化するまでに数年あるいはそれ以上経過するという点も厄介である．

なお，アルカリ骨材反応は，コンクリート中の反応性鉱物の種類によって，アルカリシリカ反応とアルカリ炭酸塩反応とに大別できるが，わが国では前者のみしか確認されていない．このため，本書で，アルカリ骨材反応とはアルカリシリカ反応（alkalis silica reaction：ASR）のこととする．

9.5.2 アルカリ骨材反応の進行および劣化過程

a. アルカリ骨材反応を起こしやすい骨材

1） 一 般　　骨材中に安定でない鉱物を多く含むものが反応を起こしやすい．安定でない鉱物としては，オパール，火山ガラスや結晶格子の歪んだ石英などである．これらの鉱物を含む岩石としては，安山岩，凝灰岩，玄武岩，頁岩，砂岩などきわめて多く，岩種がわかったとしても反応性は判断できない．

反応性を判断するには，まず，その岩石を用いたコンクリートで過去に問題がなければ，反応性はないと判断できる．過去の実績がない場合には，JIS A 5308「レディーミクストコンクリート」の附属書7「骨材のアルカリシリカ反応試験方法（化学法）」および附属書8「骨材のアルカリシリカ反応試験方法（モルタルバー法）」に規定されている方法によって判定されている．

2） ペシマム (pessimum) 現象　　アルカリ骨材反応の場合，有害な骨材の使用による膨張を小さくする目的で無害な骨材を混合すると，かえって膨張が大きくなることがある．これをペシマム現象と呼ぶ．また，最大の膨張を

示す有害な骨材の骨材全体に対する割合をペシマム量という．

b．アルカリ骨材反応によるコンクリートの膨張（土木学会コンクリート標準示方書［維持管理編］に準拠）

まず，骨材中の反応性鉱物とコンクリート中細孔溶液のアルカリ溶液との化学反応でアルカリシリカゲルが生成する．このゲルが水を吸うと膨張する．これによって，見かけ上骨材が膨張する．この結果，骨材粒子内部にひび割れが発生するだけでなく，周囲のセメントペーストも破壊する．

さらに，アルカリ骨材反応が進行すると，コンクリート内部のひび割れが進展して，コンクリート表面にひび割れが現れる．鉄筋コンクリートにおいては，この段階から鉄筋の腐食が著しくなり，それが進行すると部材（構造物）の耐荷力にも影響する．

なお，以上の過程は，反応が異常に大きい場合で，わが国のほとんどの骨材はコンクリート中で多少の差はあるが反応を起こしている．ある場合では，ゲルが少量生成されるのみ，また，ある場合はゲルがやや膨張するがひび割れは発生しない．すなわち，問題は反応が有害量まで達するか否かである．

ノート 最近までは，アルカリ骨材反応によって，内部の鉄筋が破断する現象はきわめてまれな現象であると考えていた．しかしながら，関西においてアルカリ骨材反応が原因とされる大量の鉄筋破断が報告されたことは衝撃であった．

c．アルカリ骨材反応による膨張過程

前述bの膨張過程は，図9.4にモデル化することができる．膨張過程は，膨張状態Ⅰa（潜伏期），膨張状態Ⅰb（進展期），膨張状態Ⅱ（収束期），膨張状態Ⅲ（終了期）の4段階に区分される．

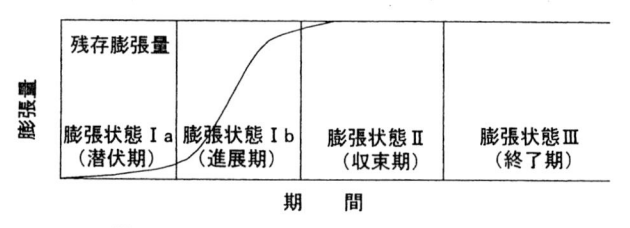

図9.4 ASRによるコンクリートの膨張過程[14]

膨張状態Ⅰa（潜伏期）：アルカリ骨材反応そのものは進行するものの膨張がまだ顕著に現れない時期

膨張状態Ⅰb（進展期）：アルカリ骨材反応による膨張が顕著に現れ，膨張速度は最大を示す時期

膨張状態Ⅱ（収束期）：アルカリ骨材反応そのものはほぼ収束し，膨張の速度が低下し，収束に向かう時期

膨張状態Ⅲ（終了期）：アルカリ骨材反応による膨張もほぼ収束する時期

d．アルカリ骨材反応による劣化過程

前述cの膨張過程を受け，コンクリート部材（構造物）の劣化過程は次のようである．

状態Ⅰ（潜伏期）：アルカリ骨材反応そのものは進行するものの膨張がまだ現れない段階

状態Ⅱ（進展期）：水分とアルカリの供給下において膨張が断続的に進行し，ひび割れが発生する段階

状態Ⅲ（加速期）：アルカリ骨材反応による膨張が顕著に現れ，膨張速度が最大を示す段階で，ひび割れが進展する段階

状態Ⅳ（劣化期）：ひび割れ密度が増大し，鋼材腐食が進行するとともに，コンクリートの強度低下および鋼材の顕著な腐食により部材（構造物）としての耐荷力に影響を及ぼす時期

また，アルカリ骨材反応による劣化過程および期間を決定する要因は表9.9のように考えられる．

表9.9　各劣化過程の定義（アルカリ骨材反応）[15]

劣化過程	定　義	期間を決定する要因
潜伏期	ASRそのものは進行するものの膨張およびそれに伴うひび割れがまだ発生しない	ASRゲルの生成速度 （反応性鉱物の種類とその量，アルカリ量）
進展期	水分とアルカリの供給下において膨張が継続的に進行し，ひび割れが発生する	ASRゲルの吸水膨張速度 （水分とアルカリの供給）
加速期	ASRによる膨張が顕著に現れ，膨張速度が最大を示す段階で，ひび割れが進展する	ASRゲルの吸水膨張速度 （水分とアルカリの供給）
劣化期	ひび割れの幅および密度が増大し，鋼材腐食が進行するとともに，過大な膨張が発生した時には，鋼材の降伏や破断が発生し，部材として耐荷力に影響を及ぼす	ASRゲルの吸水膨張速度 （水分とアルカリの供給） 鋼材の腐食速度 鋼材の引張応力度増加率

9.5.3 対策

アルカリ骨材反応が進行するには，コンクリート中での① 有害な骨材の使用，② 十分以上の水の供給，③ 限界値以上のアルカリ量，の3つの条件が必要である．そうすると対策は，少なくともこの中の1つの条件をなくすことになる．

① 有害でない（無害な）骨材：一見きわめて簡単である．無害な骨材を用いればよいのである．大規模なダム工事など，自ら骨材を試験し選定できる場合には，可能である．また，人工軽量骨材など，管理して骨材を製造する場合も可能であろう．しかしながら，わが国では，徐々に無害な骨材のみを使用することは困難となってきつつある．すなわち，レディーミクストコンクリート工場などでは，多種多様の骨材を使用しかつペシマム現象もあるので，無害を保証することはきわめて難しい．

② 水の供給を断つ：これは，砂漠でもないかぎりきわめて難しい．

③ 限界値以下のアルカリ量：これが最も対応可能な対策である．1つには，セメント中のアルカリ量を少なくするか，フライアッシュセメントや高炉セメントのようにアルカリ分をあまり含んでいないセメントを用いる．同様の考えであるが，フライアッシュや高炉スラグ微粉末，シリカフュームなどの混和材を使用するなどの対策が有効である．

9.5.4 耐久性照査 (土木学会コンクリート標準示方書 [施工編] に準拠)

基本は，「構造物（部材）の所要の性能が，コンクリートのアルカリ骨材反応によって損なわれてはならない」である．

アルカリ骨材反応の劣化過程を経時的に示す（横軸に竣工時からの年月，縦軸に性能を示す）のは，現状では凍害に対するよりも困難なようである．考え方は，ほぼ凍害のものと同じである．凍害と同様に基本的な考え方と試験方法 (JCI-AAR-3「コンクリートのアルカリシリカ反応性判定試験方法（案）」) を述べる．

a. 基本的な考え方

上述のように，定量的な性能変化（劣化過程）から，性能が耐用期間内に所要の範囲にあるといった照査はできない．次善の策として，凍害のようにある種の促進試験の時間あるいは繰り返し回数と実際の劣化に要する時間（年月）

との対応もいまのところない．そこで次々善の策として，促進試験よりも極端な条件でコンクリートが有害な劣化反応を起こすか否かを試験し，その試験での判定結果が「反応性なし」であれば，アルカリ骨材反応に対する照査は合格ということになる．

さらに，凍害と同様に，この試験を省略することもできる．その条件としては，次に示すいずれかの条件を満たせばよい．すなわち，① JIS A 5308 附属書1の区分A（無害と判定）の骨材のみを使用する，あるいは ②アルカリ金属イオンが混入するおそれのない環境で，区分B（無害と判定されない）の骨材を使用するがアルカリ骨材反応抑制対策を行う，のいずれかである．

実際問題として，なかなか区分A（無害と判定）の骨材のみを使用することが困難となってきているので，②のアルカリ骨材反応抑制対策を行うこととなる．この内容は，次の3つである．

a）ポルトランドセメント（低アルカリ形）による抑制対策
b）アルカリ骨材反応抑制効果を持つ混合セメントによる抑制対策
c）コンクリートのアルカリ総量の規制による抑制対策

b．試験方法（JCI-AAR-3「コンクリートのアルカリシリカ反応性判定試験方法（案）」）概要

所要のコンクリート製作時に，そのコンクリート内に反応を起こすに十分な反応性骨材があれば，短期間（促進条件で6カ月内）に反応するに十分なアルカリ（水酸化ナトリウム）を混入して供試体を製作する．コンクリートの供試体（$10 \times 10 \times 40$ cm または $7.5 \times 7.5 \times 40$ cm）を水分の蒸発を防止するための袋で覆い，約40°Cの恒温室に貯蔵する．貯蔵前に対する6カ月後の膨張量を測定し，その膨張量が0.100%未満であれば，「反応性なし」，0.100%以上であれば「反応性あり」と判定する．

◆演習問題◆

1．コンクリートの中性化に関する次の記述のうち，適切なものはどれか．
　　①中性化は，コンクリートの強度低下を誘発する．
　　②中性化は，コンクリート内部から進行する劣化である．
　　③中性化深さは，中性化期間（t）に比例する．

④中性化は，コンクリート中の鉄筋腐食を誘発する．

【解　答】　④
【解　説】　①中性化により，コンクリート自体が強度低下することはない．
②一般に中性化は，空気に触れる表面から進行する．
③中性化深さは，中性化期間の2乗根（$\sqrt{t}$）に比例する．
④適切である．

2．コンクリートの塩害に関する次の記述のうち，適切なものはどれか．
①塩害は，海洋から飛来する塩化物イオンを防止すれば，発生しない．
②塩化物イオンがコンクリート表面に付着した直後から，鋼材腐食が進行する．
③塩害に対する対策の1つとして，電気化学的補修工法を用いることができる．
④コンクリート中の塩化物イオン拡散係数は，同一水セメント比であれば同じである．

【解　答】　③
【解　説】　①塩害は，凍結防止剤に含まれる塩化物イオンや，練混ぜ時に含まれる内在塩化物イオンによっても生じる．
②塩化物イオンがコンクリート内部の鉄筋に到達した後に，鋼材腐食が進行する．
③適切である．
④同一水セメント比であっても，セメント種類や施工などによって，拡散係数は異なる．

3．コンクリートの凍害対策に関する次の記述のうち，不適切なものはどれか．
①コンクリートに表面塗装を施す．
②吸水率の小さな骨材を用いる．
③エントラップトエアーを混入する．
④部材の比表面積を減少する．

【解　答】　③
【解　説】　①②④適切である．
③凍害対策には，良質なAE剤を用いて，適量のエントレインドエアーを混入する．

4. コンクリートのアルカリ骨材反応に関する次の記述のうち，適切なものはどれか．
① 劣化は打設直後に顕在化するために，初期の対策が可能である．
② 安山岩，凝灰岩，玄武岩などには，オパールおよび火山ガラスが含まれることは少ないために，アルカリ骨材反応を生じにくい．
③ 膨張量を抑制するために，有害な骨材に無害な骨材を混合使用することが有効である．
④ アルカリ骨材反応を抑制するために，フライアッシュや高炉スラグ微粉末を混和することがよい．

【解　答】　④
【解　説】　① 劣化が顕在化するまでには，数年あるいはそれ以上経過する場合が多い．
② 安山岩，凝灰岩，玄武岩などには，オパールおよび火山ガラスが含まれることがあるため，アルカリ骨材反応を生じる可能性がある．
③ 無害な骨材と混合使用した場合，ペシマム現象により，膨張量が増加することもある．
④ 適切である．

5. 設計耐用期間が50年の鉄筋コンクリート構造物において，外来塩化物イオンに対する耐久性照査を行い，かぶりを設定せよ．なお，構造物は海岸から500mに位置し，コンクートの水セメント比は45%とし，普通ポルトランドセメントが用いられる．

【解答例】
塩化物イオン拡散係数は，次式で表される．
$$\text{Log } D = [4.5 \cdot 0.45^2 + 0.14 \cdot 0.45 - 8.47] + \log(3.15 \times 10^7) = 2.56 \times 10^{-3}$$
$$\therefore D = 1.006 \ (\text{cm}^2/\text{年})$$

次に，海岸から500mに位置するコンクリートの表面塩化物イオン濃度は2.0kg/m^3，腐食発生限界塩化物イオン量は1.2kg/m^3より，時刻50（年）におけるかぶり深さx（cm）での塩化物イオン濃度は次式で表される．

$$1.2 = 2.0 \left(1 - erf \frac{x}{2\sqrt{1.006 \cdot 50}}\right)$$

よって，かぶりは5（cm）と設定される．

6. あなたの身近なコンクリート部材を観察し，生じている劣化あるいは起こりそうな劣化の原因を検討せよ．

【解答例】
　積雪寒冷地域の鉄筋コンクリート製道路橋では，複合劣化が進行する可能性がある．例えば，積雪時に散布される融雪剤に含まれる塩化物イオンがコンクリート中へ浸透することにより，塩害が生じる．一方，特に乾燥時には大気中の二酸化炭素が浸透し，中性化が進行する．さらに，反応性骨材が使用されていた場合には，アルカリシリカ反応により骨材が膨張し，ひび割れが生じる可能性がある（ぜひ身近なコンクリート構造物を観察してください）．

10. 維持管理の基本的な考え方

読者もご存知のように，21世紀は維持管理の時代となるようである．すなわち，土木，建築を問わずに，わが国では新設構造物の建設費用よりも，補修・補強などの維持管理費用のほうが多くなる時代となると予想される．

また，いままでは構造物や部材自体はまだ十分に耐荷力（安全性能）もあって使用できるにもかかわらず，さらに車線の多い橋が必要になったからとか，さらに高層のビルのほうが儲かるなどといった社会的・経済的な理由によって取り壊されて新しい構造物を建設することも多かった．しかしながら，このような社会が高度成長していることが前提のような話は少なくなっていく．要は，維持管理の重要性が著しく増加し，このため，合理的な維持管理の考え方を明示する必要がある．

本章では，維持管理の基本的な考え方を，土木学会コンクリート標準示方書 [維持管理編][1] に準拠して解説する．

10.1 維持管理の定義と役割

10.1.1 定　義

維持管理を設計，施工と並ぶものと位置づけ定義し，その果たすべき役割を示す．すなわち，定義は「維持管理は，構造物（コンクリート構造物が主たる対象）の供用期間において，構造物の性能を許容範囲内に保持するための行為である」とされる．

(注：供用期間と耐用期間について，9章では主として耐用期間を，10章では供用期間を用いている．似てはいるが異なるので定義を再度示しておく．)

・供用期間：構造物を供用する期間
・予定供用期間：構造物を供用したい予定の期間

この2つは，主として構造物の所有者や管理者に対応するものである．
　・耐用期間：構造物または部材の性能が低下することにより，必要とする機能を果たせなくなり，供用できなくなるまでの期間
　・設計耐用期間：設計時において構造物または部材が，その機能を十分果たさなければならないと規定した期間
　この2つは，主として設計者や施工者に対応するものである．

10.1.2　維持管理の開始

　維持管理は，まず構造物の管理者などが，該当する構造物（新設，既設あるいは大規模改修（補修，補強）後のいずれでもよい）を維持管理したいと考えた時点から始まる．この時点で管理者（あるいは代理人）は，予定供用期間と構造物の性能がどの程度の範囲であればよいのかを明らかにすることが必要となる．

　上記でも明らかなように，性能を明確にするということであるので，性能規定型である．後からも補足するが，予測した性能とあるべき要求性能とを机上で比較し，評価，判定することで，いろいろな行為（点検，対策など）を照査し決めていく．このため，詳しくいうと「性能照査を含む性能規定型の記述」となっている．［維持管理編］での記述の階層構造を図10.1に示す．

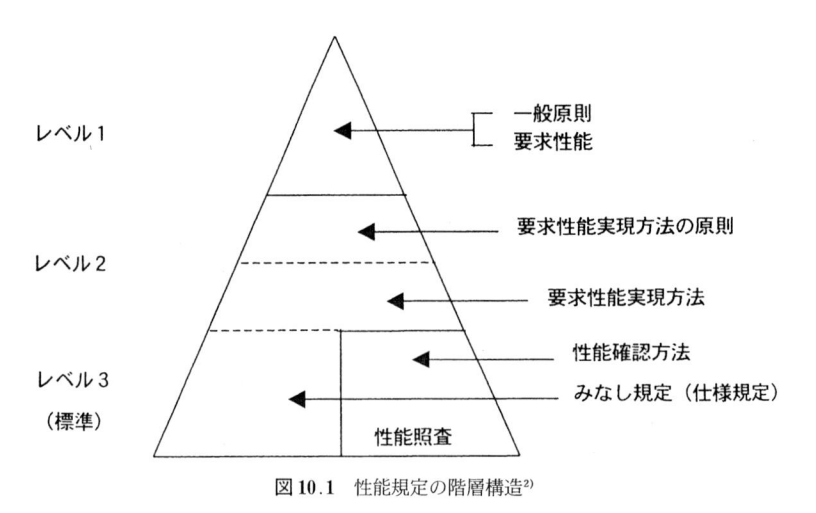

図10.1　性能規定の階層構造[2]

10.1.3 性　能

性能は1章での分類に準じて，ここでも安全性能，使用性能，第3者影響度に関する性能，美観・景観および耐久性能と分類して考える．

10.1.4 維持管理の区分

これらの性能の供用年数内での許容範囲をどうするかについてもさまざまな考え方ができる．一般には，構造物（部材）に求められる役割（機能）から，個々の性能の劣化する許容範囲は定まってくる．さらに，[維持管理編]では，構造物（部材）の重要性や外観にも考慮して，劣化の許容範囲の程度を「維持管理の区分」で表現している．また，区分は技術者の劣化に対する行為（反応）にも反映する．土木学会コンクリート標準示方書[維持管理編]では区分（A，B，C，D）を設けている．

以下に区分（A，B，C，D）の意義を示す．

A：予防維持管理（予防保全をもとにした維持管理）
　① 劣化が顕在化した後では，対策が困難なもの
　② 劣化が外へ表れては困るもの
　③ 設計耐用期間が長いもの
　この区分Aのものは一般に重要度の高いものが多い．劣化過程の潜在期にとどめる維持管理が必要となる．

B：事後維持管理（事後保全を主体とした維持管理）
　① 劣化が外に表れてからでもなんとか対策がとれるもの
　② 劣化が外へ表れてもそれほど困らないもの
　現実的には，この区分Bとなるものが多い．劣化過程の進展期か加速期にとどめる維持管理となる．

C：観察維持管理（目視観察を主体とした維持管理）
　① 使用できるだけ使用すればよいもの
　② 第3者影響度に関する安全性を確保すればよいもの

D：無点検維持管理（点検を行わない維持管理）
　① 直接には点検を行うのが非常に困難なもの
　この区分のものは構造物の基礎など直接には点検を行うのが非常に難しいものである．

10.1.5 維持管理の行為

維持管理の行為としては，初期点検，劣化予測，点検，評価および判定，対策，記録がある．これらの行為と一般的な維持管理の手順を図10.2に示す．

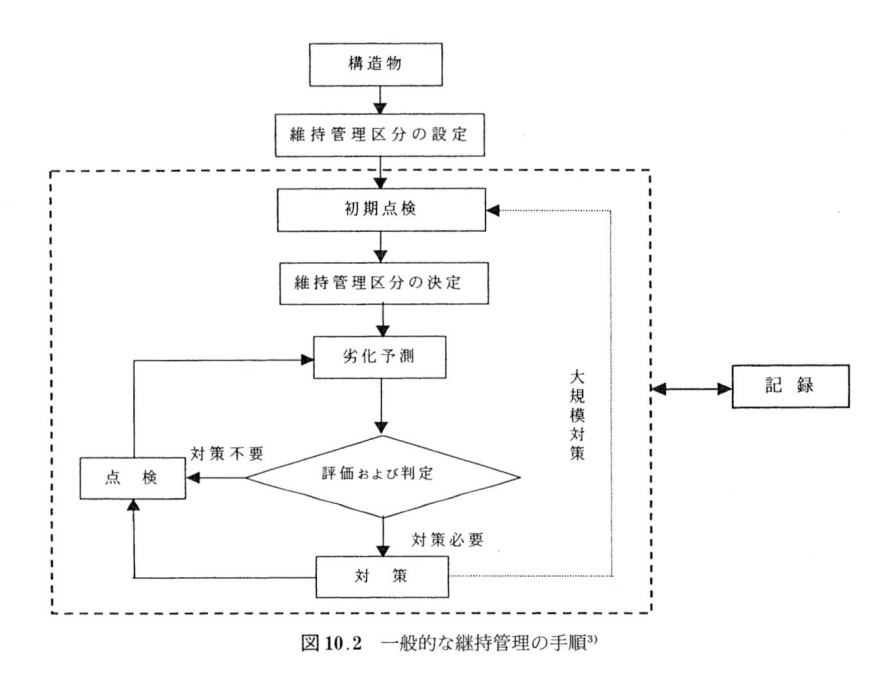

図10.2 一般的な継持管理の手順[3]

さらに，計画時あるいは設計時より維持管理を考えるとすれば，計画行為，設計行為も含まれると考えられる．これらの行為を合理的に組み合わせて維持管理の目的である供用期間（耐用期間）内に所要の性能を許容範囲内にとどめることを達成する．

なお，この土木学会コンクリート標準示方書［維持管理編］は2部構成となっている．第1部「維持管理」には，基本的な考え方と維持管理の流れが示してあり，第2部「維持管理標準」には，劣化機構別に具体的な方法が示してある．

10.2 構造物（部材）の生涯シナリオ

10.2.1 維持管理の決断

前節で示したような維持管理の役割であるが，まず，維持管理を行うことを決める．さらにどの程度の維持管理（区分の決定を含む）をするかということに関しては，構造物の管理者などがその構造物の「生涯シナリオ」をつくらないことには，具体的な行為内容は決まらない．

10.2.2 管理者の生涯シナリオ

では，少なくともどのような「生涯シナリオ」を決めなければならないのか．

まず，生涯の長さ（供用期間・耐用期間）を決める．厳密でなくとも，50年とか100年とか，半無限という設定もある（それが可能か不可能かは別としても）．この生涯で少なくともあって欲しい性能（あるいは機能）も決める．これに関連して，劣化をどの程度許容するのか，など前節に関連する事項を決める．

また，管理者が独自に決めなければならないのは，この構造物の生涯に何を期待するかということである．例えば，簡単にいうと，利益である．個人の利益か，国の利益か，環境負荷を考慮するのか，など一概に決められず判断は難しい．生涯の計算（ライフサイクルアナリシス）ができないと設定できない面もあるが，方向性だけは決める必要がある．20世紀（現状も含まれる）では，これがあやふやなために，その場しのぎの行為をしていることが多い．管理者は維持管理の予算についても考える必要がある．

10.2.3 技術者の検討

前項のように，管理者が構造物のシナリオを決めると，技術者はそれが達成できるように検討する．新設，既設と大規模補修・補強後では若干異なるので分けて考える．

a. 新設構造物（部材）の場合

新設の場合では，管理者が要求する設計耐用期間が約100年以内であれば，

なんとか合理的な設計ができて，維持管理の計画もなんとか立てられると考えられる．しかしながら，数百年〜千年などを要求された場合は，これを実現するのは困難であろう．よほど種々の条件（環境条件，施工条件，要求性能，予算など）がよくないと合理的な設計はできないと考えられる．その場合は，①設計耐用期間を例えば100年としてその後，補修や補強を繰り返すシナリオ，②設計耐用期間を100年として，耐荷性能が許容範囲にある間は供用して下回りそうになったらすぐに取り替えるシナリオ（この場合は設計時に取り替えやすい構造を選ぶ），あるいは③設計耐用期間を50年として，設計耐用期間が30年程度の大規模補修を繰り返すシナリオ，などいろいろなシナリオが考えられる．さらに，設計耐用期間を推奨する立場からはやや外れるが，最高の耐久性向上技術を用いて構造物を建設し，要求性能を下回りそうになったら補修を繰り返し，結果的に設計耐用期間をクリアするというシナリオも可能であろう．

b．既設構造物（部材）の場合

既設の場合では，まず初期点検と詳細点検を行って劣化予測を行い，残存する耐用期間を予測する作業から始まるシナリオが考えられる．それを念頭において，新設の場合と同様に，種々のシナリオを考えることとなる．

c．大規模補修・補強を行う場合

大規模補修・補強を行う場合においては，できればその補修・補強の設計耐用期間を設定してシナリオを考えるのが望ましいが，現在そのような技術レベルにないので，ある程度時間が経ってから（5年とか10年）劣化予測をして，その後は既設の場合と同様にシナリオを考えるのがよい．

d．管理者・技術者の心構え

いかなるシナリオを採用するかは，管理者・技術者がどのような価値観を有するかで決まると考えられる．管理者個人のコストミニマム最優先もあるだろう．わが国の国益を最大にするというのもあるだろうが，このとき環境コストをどう算定するのか，また，交通施設であれば人間の命をどう考えるかなど，真剣に考えるほど解決すべき難問がある．

いずれにしても維持管理に携わる管理者・技術者は，いままでとは違いその人間性も含めた全人間性で技術を用いることとなる．

ノート これからの土木技術者は，いままでの土木だけでは不十分で，金融，保険，リスクアナリシスなどを勉強していなくては仕事ができないことになる．

10.3 維持管理の行為

前述したように維持管理の行為として，初期点検，劣化予測，点検，評価および判定，対策，記録がある（図10.2参照）．

10.3.1 初期点検

初期点検は，あえて点検の中に含ませていない．初期点検（およびこれに続く詳細点検）によって，構造物の維持管理の初期状態を把握し，かつ，劣化機構を推定することになり非常に重要だからである．特に，既設構造物の場合には非常に重要である．初期点検の方法は，原則として，目視や打音法さらには簡易な非破壊試験法によるものと設計図書の調査よりなる．さらに，詳細調査には，高度な非破壊試験法，局部的に破壊する試験（コア抜き試験など），劣化外力を評価する試験など，種々ある．どのような試験を行うかは，仮定する劣化機構との兼ね合いで決まってくる．最適な試験で劣化機構および将来の維持管理に必要十分な初期状態を明確にするのは技術者の力量にかかる．

10.3.2 劣化予測

劣化予測には，正確な劣化機構の選定が前提となる．この精度は，該当する劣化機構にもよる．中性化や塩害は比較的精度が高く定量的な予測もできるが，アルカリ骨材反応や凍害では，精度は相対的に低く定性的な予測がなんとか可能なレベルである．また，どの程度の劣化進行過程までを予測するかでも精度は異なる．9章の図9.1に中性化による劣化進行過程の模式図を示した．潜伏期は，中性化が鉄筋表面まで達する期間（中性化残りを考慮する場合もあるが）とされ，うまく予測すれば年単位まで十分な精度がある．しかし，鉄筋の断面積が減少する期間さらにそれが耐荷力に影響する程度を考慮して初めてできる劣化期までの年数予測精度は非常に悪くなる．これが，アルカリ骨材反応の劣化期までの年数予測になると，劣化期までいくかどうかの予測さえ難し

くなる．

10.3.3 点　検

点検によって，その時点での構造物の概略の劣化状況を確認し，劣化予測の確認を行い，異状があれば，詳細点検を行い，劣化予測さらには劣化原因の再検討を行う．

点検には，日常点検，定期点検，詳細点検および臨時点検がある．

すなわち，構造物が供用中，前もって計画した時期に点検を行うものとして，日常点検と定期点検がある．また，事故や地震などがあった後に臨時に行う臨時点検がある．これらの点検中に特に異状があった場合などに行う詳細点検がある．

10.3.4 評価および判定

評価および判定は，少なくとも該当する点検時と予定供用期間（あるいは設計耐用期間，要は使うつもりの最後の時）の2時点で行うこととなる．さらに，検討すべき時点があれば加えることは一向に差し支えない．初期点検で相当正確に予定供用期間の性能が予測され評価されていれば，簡易な日常点検（文字どおり毎日行う場合から年単位の頻度で行う場合もある）では異常がないのを確認するだけの評価となり，特段なにもしないという判定になる．しかし，点検時に異常があった場合，予測と違うと評価した場合には，詳細点検を行うという判定となる．詳細点検を行って，現状が性能の許容範囲を下回っていた場合，限界であると評価された場合には，なんらかの対策が必要と判定される．また，予定供用期間に性能を下回りそうだと評価された場合にも，なんらかの対策が必要と判定されることもある．

10.3.5 対　策

対策には，点検強化，補修，補強，修景，使用性回復，機能性向上，供用制限，解体・撤去が含まれる．管理者・技術者の判断によるが，この判断に維持管理能力や維持管理費用の考慮も含まれる．

10.3.6 記　録

最後に記録であるが，直接的には，当該構造物の効率的かつ合理的な維持管理のために用いる．また，維持管理の記録を保存することによって，維持管理面からみた設計，施工上の問題点や改善点が明らかになるなど，技術の進歩にも役立つと考えられる．

10.4　今後の課題

これまでに述べたように維持管理の「基本的な考え方」は相当まとまってきた．しかしながら，現在の技術レベルではこの考え方をこのまま定量的に実務に適用できるのはごく一部である．これは，劣化予測技術の精度が定量的といえるものがごく一部であることが大きな理由である．

今後，この考えをもとにした維持管理の積重ね，調査・研究によって「考え方」を「確立した技術」としていくのが課題と考える．なお，読者の方々にはぜひ土木学会コンクリート標準示方書の［維持管理編］を読まれるようお願いしたい．

◆演習問題◆

1. コンクリートの維持管理に関する次の記述のうち，不適切なものはどれか．
   ① 劣化が現れた後に対策をとるほうが，劣化が現れる前に対策をとるより，一般に経済的である．
   ② 記録は，当該構造物の維持管理の資料として，また類似構造物の性能評価の参考となるため，重要である．
   ③ 維持管理は既設構造物に対して重要であり，新設構造物に対しては不要である．
   ④ 構造物の初期状態を把握した上で，劣化機構を推定するために，初期点検が必要である．

【解　答】　③
【解　説】　①②④ 適切である．
　③ 新設構造物に対しても，適切な維持管理を施す必要がある．

2．コンクリート構造物の生涯シナリオに着目し，新設構造物の設計について，あなたの考えを述べよ．

【解答例】
　はじめに，構造物の要求性能の種類や水準，また経済的な要因に基づき，設計供用期間を設定する．この供用期間中に受けうるさまざまな状況をふまえ，安全性と使用性を保証することが，構造物の設計において要求される．そのためには，耐震設計を含む構造的なシナリオデザインと，耐久性設計を含む経時的なシナリオデザインを考慮しなければならない．
　従来から，構造的なシナリオデザインについては考慮されてきた．一方，経時的なシナリオデザイン，すなわちライフサイクルのシナリオデザインは，現在種々の検討がなされ，モデル化が試みられている．
　このライフサイクルのシナリオをデザインする場合，耐久性能を照査しながら，維持管理レベルを設定し，適切な補修や補強などを経時的に行わなければならない．特に，塩害，中性化およびアルカリシリカ反応は最も注意すべき劣化因子であり，そのメカニズムに応じた対策が必要である．すなわち，維持管理計画を含め，構造物の経時的な性能を明確に予測評価し，対象とする構造物に要求される性能と照合しながら，生涯シナリオを設計することが望ましい．

参 考 文 献

第1章
1) 小林敏郎，梶野利彦，新家光雄訳：ホルスボーゲン材料，共立出版，pp.1-5，1989.
2) 長瀧重義編：コンクリートの長期耐久性-小樽港百年耐久性試験に学ぶ，技報堂出版，pp.199-218，1995.
3) 土木学会：平成11年制定 コンクリート標準示方書―耐久性照査型―［施工編］，pp.37-39，2000.

第2章
1) 日本コンクリート工学協会：コンクリート便覧［第二版］，技報堂出版，pp.52-75，1986.
2) 日本建築学会関東支部：鉄筋コンクリート構造の設計-構造計算のすすめ方2，1992.
3) Metha, P.K. and Montenero, P.J.M.：Concrete-Structure, Properties and Materials, Prentice Hall, pp.17-41, 1993.

第3章
1) 住友大阪セメント：2001環境報告書，p.5，2001.
2) セメント協会：セメントの常識，2002.
3) 日本コンクリート工学協会：コンクリート技術の要点'02，p.5，2002.
4) 日本コンクリート工学協会：コンクリート技術の要点'02，p.8，2002.
5) 日本コンクリート工学協会：コンクリート技術の要点'02，p.4，2002.
6) 仕入豊和：コンクリート練混ぜ水の水質基準化に関する研究，その3，日本建築学会論文集，No.187，1971.
7) 西沢紀昭：講座 コンクリート用骨材，コンクリートジャーナル，Vol.5, No.7，1976.
8) 土木学会：2002年制定 コンクリート標準示方書［構造性能照査編］，p 63-64，

2002.
9) 村田二郎・長瀧重義・菊川浩治：土木材料コンクリート 第3版，共立出版，p.35，1998.
10) 日本コンクリート工学協会：コンクリート技術の要点'02, p.14, 2002.
11) 重倉裕光：特集・最近のコンクリート用骨材，コンクリート工学, Vol.16, No.9, 1978.
12) 日本コンクリート工学協会：コンクリート技術の要点'02, p.19, 2002.
13) 村田二郎・長瀧重義・菊川浩治：土木材料コンクリート 第3版，共立出版，p.47，1998.
14) 日本コンクリート工学協会：コンクリート技術の要点'02, p.20, 2002.
15) Bache, H.H.: Densified Cement/Ultra-Fine Particle-Based Materials, Presented at the Second International Conference on Superplasticizers in Concrete, 1981.

第4章

1) 土木学会：平成8年制定 コンクリート標準示方書［施工編］, pp.16-24, 1996.
2) 村田二郎・長瀧重義・菊川浩治：土木材料コンクリート 第3版，共立出版，p.156，1998.
3) 土木学会：2002年制定 コンクリート標準示方書［規準編］, p.289, 2002.
4) 村田二郎・長瀧重義・菊川浩治：土木材料コンクリート 第3版，共立出版，p.246，1998.
5) 土木学会：2002年制定 コンクリート標準示方書［規準編］，舗装用コンクリートの振動台式コンシステンシー試験方法（JSCE-F 501-1999），p.139, 2002.
6) 日本コンクリート工学協会：コンクリート技術の要点'02, p.56, 2002.

第5章

1) 土木学会：平成8年制定 コンクリート標準示方書［施工編］, pp.16-24, 1996.
2) 土木学会：平成11年制定 コンクリート標準示方書—耐久性照査型—［施工編］, pp.9-19, 2000.
3) 土木学会：2002年制定 コンクリート標準示方書［施工編］, p.380, 2002.
4) 日本コンクリート工学協会：コンクリート技術の要点'02, p.62, 2002.
5) 国分正胤：コンクリートの引張強さ係数試験について，土木学会 第6回年次学術講演会，1950.
6) 日本コンクリート工学協会：コンクリート技術の要点'02, p.64, 2002.

7)　日本コンクリート工学協会：コンクリート技術の要点'02, p.65, 2002.
8)　日本コンクリート工学協会：コンクリート技術の要点'02, p.66, 2002.
9)　伊藤茂富：コンクリート工学，森北出版，1997.
10)　土木学会：2002年制定 コンクリート標準示方書［構造性能照査編］, p.26, 2002.
11)　日本コンクリート工学協会：コンクリート技術の要点'02, p.67, 2002.
12)　土木学会：2002年制定 コンクリート標準示方書［構造性能照査編］, p.28, 2002.
13)　日本コンクリート工学協会：コンクリート技術の要点'02, p.68, 2002.
14)　土木学会：2002年制定 コンクリート標準示方書［構造性能照査編］, p.30, 2002.
15)　土木学会：2002年制定 コンクリート標準示方書［構造性能照査編］, p.34, 2002.
16)　ACI : ACI Manual of Concrete Inspection, 4th ed., 1957.
17)　日本コンクリート工学協会：2003年制定 コンクリートのひび割れ調査，補修・補強指針, p.4, 2003.
18)　日本コンクリート工学協会：コンクリートのひび割れ調査，補修・補強指針―2003―，技報堂出版，p.31, 2003.
19)　西村　昭・藤井　学：最新土木材料，森北出版，1989.
20)　Bureau of Reclamation : Concrete Manual 8th ed., 1977.
21)　日本コンクリート工学協会：コンクリート技術の要点'02, p.72, 2002.
22)　柳田　力：レデーミクストコンクリート改訂JIS説明会テキスト，日本規格協会，1974.
23)　村田二郎・長瀧重義・菊川浩治：土木材料コンクリート　第3版，共立出版，p.102, 1998.
24)　森永　繁：コンクリート技術の基礎'72, 日本コンクリート会議，p.71, 1973.

第6章

1)　日本コンクリート工学協会：コンクリート技術の要点'02, p.107, 2002.
2)　土木学会：2002年制定 コンクリート標準示方書［施工編］, p.374, 2002.
3)　土木学会：2002年制定 コンクリート標準示方書［施工編］, p.375, 2002.
4)　土木学会：2002年制定 コンクリート標準示方書［施工編］, p.376, 2002.
5)　日本コンクリート工学協会：コンクリート技術の要点'02, p.117, 2002.
6)　土木学会：2002年制定 コンクリート標準示方書［施工編］, p.377, 2002.

- 7) 土木学会：2002年制定 コンクリート標準示方書［施工編］，p.378，2002．
- 8) 土木学会：2002年制定 コンクリート標準示方書［施工編］，p.379，2002．
- 9) 土木学会：2002年制定 コンクリート標準示方書［施工編］，p.380，2002．
- 10) 土木学会：2002年制定 コンクリート標準示方書［施工編］，p.81，2002．
- 11) 土木学会：2002年制定 コンクリート標準示方書［施工編］，p.82，2002．

第7章

- 1) セメント協会：セメントの常識，p.31，2002．
- 2) 日本コンクリート工学協会：コンクリート便覧［第二版］，技報堂出版，p.186，1996．
- 3) 土木学会：2002年制定 コンクリート標準示方書［規準編］土木学会規準，pp.231-232，2002．
- 4) 日本コンクリート工学協会：コンクリート技術の要点'02，p.146，2002．
- 5) 日本コンクリート工学協会：コンクリート技術の要点'02，p.147，2002．
- 6) 日本コンクリート工学協会：コンクリート技術の要点'02，p.151，2002．
- 7) 日本コンクリート工学協会：コンクリート技術の要点'02，p.149，2002．
- 8) 日本コンクリート工学協会：コンクリート技術の要点'02，p.150，2002．
- 9) 日本コンクリート工学協会：コンクリート技術の要点'02，p.157，2002．
- 10) 日本建設機械化協会：日本建設機械要覧2001年版，2001．
- 11) 日本コンクリート工学協会：コンクリート技術の要点'02，p.274，2002．

第8章

- 1) 日本コンクリート工学協会：コンクリート技術の要点'02，p.167，2002．
- 2) 日本コンクリート工学協会：コンクリート便覧［第二版］，技報堂出版，p.359，1996．
- 3) 日本コンクリート工学協会：コンクリート技術の要点'02，p.168，2002．
- 4) 日本コンクリート工学協会：コンクリート技術の要点'02，p.169，2002．
- 5) 土木学会：2002年制定 コンクリート標準示方書［施工編］，p.115，2002．
- 6) 図解土木コンクリート用語編集委員会編：図解土木コンクリート用語集，p.124，1988．
- 7) 岡田恒男・窪田敏行：鉄筋コンクリート柱の変形に関する研究II，日本建築学会論文報告集，号外，pp.328-329，1967．
- 8) 土木学会：コンクリート構造物のコールドジョイント問題と対策，p.2，2001．
- 9) 土木学会：コンクリート構造物のコールドジョイント問題と対策，p.3，2001．

10) 日本コンクリート工学協会：コンクリート技術の要点'02，p.177，2002．
11) 日本コンクリート工学協会：コンクリート便覧［第二版］，技報堂出版，p.380，1996．
12) 日本コンクリート工学協会：コンクリート便覧［第二版］，技報堂出版，p.279，1996．

第9章

1) 土木学会：2001年制定 コンクリート標準示方書［維持管理編］，p.83，2001．
2) 土木学会：2001年制定 コンクリート標準示方書［維持管理編］，p.84，2001．
3) 土木学会：2002年制定 コンクリート標準示方書［施工編］，pp.6-8，2002．
4) 大即信明・横井聡之・下沢　治：モルタル中鉄筋の不動態に及ぼす塩素の影響，土木学会論文報告集，No.360/V-3，pp.111-118，1985．
5) 土木学会：2001年制定 コンクリート標準示方書［維持管理編］，p.99，2001．
6) 土木学会：2001年制定 コンクリート標準示方書［維持管理編］，p.100，2001．
7) 土木学会：2002年制定 コンクリート標準示方書［構造性能照査編］，p.120，2002．
8) 土木学会：2002年制定 コンクリート標準示方書［施工編］，pp.24-28，2002．
9) 土木学会：2002年制定 コンクリート標準示方書［施工編］，p.25，2002．
10) 土木学会：2001年制定 コンクリート標準示方書［維持管理編］，p.115，2001．
11) 土木学会：2001年制定 コンクリート標準示方書［維持管理編］，p.116，2001．
12) 土木学会：2002年制定 コンクリート標準示方書［施工編］，p.29，2002．
13) 土木学会：2002年制定 コンクリート標準示方書［施工編］，p.81，2002．
14) 土木学会：2001年制定 コンクリート標準示方書［維持管理編］，p.146，2001．
15) 土木学会：2001年制定 コンクリート標準示方書［維持管理編］，p.146，2001．

第10章

1) 土木学会：2001年制定 コンクリート標準示方書［維持管理編］，2001．
2) 土木学会：2001年制定 コンクリート標準示方書［維持管理編］制定資料，p.2，2001．
3) 土木学会：2001年制定 コンクリート標準示方書［維持管理編］，p.12，2001．
4) 土木学会：2001年制定 コンクリート標準示方書［維持管理編］，p.83，2001．

索　引

ア　行

アジテータ車　168
圧縮強度　20,80
圧送　172
アルカリ骨材反応　205
　　　──に対する抵抗性能　44
アルカリ骨材反応抑制対策
　　　209
アルカリシリカゲル　206
アルカリシリカ反応　205
アルミン酸三カルシウム　22
安全係数　104
安全性能　215

維持管理　213

Vee-Bee 試験　69
打込み　173
打込み区画　174
打込み作業　176
打込み順序　175
打継ぎ　180
打継目　177,180
海砂　45
上澄水　34
運搬　167
運搬時間　169

AE 減水剤　55
AE コンクリート　120,202
AE 剤　54
エコセメント　31
エトリンガイト　10,24,26
エポキシ塗装鉄筋　195
塩害　196
塩化物イオン　42,43,196
遠心力締固め　185,186

カ　行

遠心力締固め製品　162
鉛直打継目　180,181
エントラップエアー　13,55
エントレインドエアー　14,
　　　55,82,201

応力-ひずみ曲線　92,93
大型プラント船　161
オートクレーブ養生→高温高
　　　圧養生
温度上昇　73
温度制御養生　183
温度ひび割れ　73,101
温度膨張（収縮）　100

加圧締固め製品　162
回収水　34
外部拘束　104
海洋コンクリート　121,125
外来塩化物イオン　196
化学成分　22
加速期　194,198,202,207
型枠振動機　178
割線弾性係数　94
観察維持管理　215
含水状態　37
含水率　37
乾燥収縮　96,98
乾燥収縮ひずみ　96
　　　──の限界値　105
乾燥収縮ひび割れ　101
寒中コンクリート　123,183
管理　147
管理限界線　156
管理試験　155
管理図　156

機械的抵抗力　89
基本クリープ　96
逆打ち工法　181
急結剤　57
吸水率　37
給熱養生　184
境界相　9,12,15
凝結　71
凝結遅延剤　181
凝結特性　5
強制練りミキサ　150
強度　20
強度発現性　20,22
強熱減量　22
供用期間　191,213
記録　221
金属（材料）　2,3

空気量　66,82,120,128
空隙　10,12
空隙構造　13
空隙セメント比説　109
グラウト用セメント　31
クリープ　90,96
クリープ係数　97
クリープ破壊　90,97
クリープひずみ　96
クリンカ　21

景観　215
ケイ酸カルシウム化合物　26
ケイ酸カルシウム水和物　10,
　　　193
ケイ酸三カルシウム　22
ケイ酸二カルシウム　22
計数抜取検査　157
けい石　21
ケイフッ化物　57

計量　148
計量誤差　149
軽量骨材　45
軽量コンクリート　106
計量抜取検査　157
結合材　3
結合力　10
ケミカルプレストレス　54
ゲル　206
ゲル空隙　14
検査　153
減水剤　55
建設材料　1
建築構造物　7
現場打ちコンクリート　168
現場コンクリートプラント　161
現場練りコンクリート　145
現場配合（表）　118,126,132

高温高圧養生　184,187
硬化　71
硬化コンクリート　5,35,79
　　――の構造　9
高強度コンクリート　52
鋼材との相性　4
工場製品用コンクリート　145
高性能AE減水剤　52,56
高性能減水剤　56
鋼繊維　58
構造部材　6
降伏値　74
高流動コンクリート　163
高炉スラグ骨材　47
高炉スラグ細骨材　48
高炉スラグ粗骨材　48
高炉スラグ微粉末　52
高炉セメント　30
固形物　3
骨材　9,11,35
　　無害な――　208
　　有害な――　208
骨材下面の空隙　13
骨材相　10,15
骨材中の有害鉱物　44

骨材量による補正　131
コールドジョイント　74,177
コンクリート　1,3
　　――の構造　145
コンクリート技士　158
コンクリートジャングル　5
コンクリート主任技士　158
コンクリート製品　7,162,167,185
コンクリートバケット　168,173
コンクリートポンプ　168,171
コンシステンシー　64,66,67
混和剤　50
混和材　50,51
混和材料　49
　　――の単位量　124

サ　行

細骨材　36
細骨材率　124,128,129
砕砂　45
再振動締固め　181
砕石　45
　　――を用いたコンクリート　129
材料計量設備（装置）　146,149
材料貯蔵設備　146
材料分離　5,70,71
材料分離抵抗性　20,65,70
酸化マグネシウム　22
三酸化イオウ　22
3等分点載荷　86
サンドブラスト法→湿砂吹きつけ法

支圧強度　88
C-S-H　26,193
事後維持管理　215
自己収縮　99
JISマーク表示認定工場　158
沈みひび割れ　101
湿砂吹きつけ法　181
湿潤膨張　99

湿潤養生　183
実積率　38,40
始発　72
示方配合（表）　117,126,128,131
締固め　83,178
車載プラント　161
砂利　45
ジャンカ　83,174
終発　72
重量骨材　47
重量コンクリート　106
重力式ミキサ　150
常温蒸気養生　187
生涯シナリオ　217
蒸気養生　184
使用性能　215
初期乾燥ひび割れ　101
初期欠陥　72,192
初期接線弾性係数　94
初期点検　219
初期ひび割れ　101
初期養生　182
暑中コンクリート　123,125,184
シリカセメント　30
シリカフューム　51
人工軽量骨材　47
人工骨材　36
じん（靱）性　94
進展期　194,197,201,207
振動機　178
振動限界　72
振動締固め　83,179,185
振動締固め製品　162
振動台式コンシステンシー試験　69

水酸化カルシウム　10,26
水中不分離性混和剤　57
水平打継目　180
水平二軸ミキサ　133
水密性　106
砂　45
スラグ骨材　47

索 引

スラッジ水　34
スランプ　67,120,128
スランプコーン　67
スランプ試験　67
スランプフロー　68
スランプフロー試験　68

正規分布　154
ぜい(脆)性　94
製造設備　146
静的破壊強度　90
ぜい(脆)度係数　85
性能照査　134
製品用コンクリート　168
石粉　43
施工　167
施工時強度　5
施工条件　116
石灰石　21
絶乾密度　37
設計基準強度　83,116,118
設計耐用期間　83,191,214
セッコウ　21,25
接線弾性係数　94
セメント　19
　　──の強度　81
セメントコンクリート　19
セメント水比説　109
セメント水和物　9
セメントペースト　9,19
セメントペースト相　15
セメントマトリックス　9
セメントモルタル　19
遷移帯　12
潜在水硬性　50
せん断強度　87
潜伏期　194,197,201,207

早期脱型　185
早強ポルトランドセメント　27
相対弾性係数　203
増粘剤　57
即時脱型工法　186
即時脱型製品　162

促進形　56
促進剤　57
促進養生　184,186
粗骨材　36
　　──の最小寸法　41
　　──の最大寸法　41
組成化合物　22
塑性粘度　74
粗粒率　39,128
損傷　192

タ 行

第1種防食法　198
耐久性　10,191
耐久性照査　191
耐久性能　20,191,215
対策　220
第3者影響度に関する性能　215
体積安定性　20
第2種防食法　198
耐硫酸塩ポルトランドセメント　30
ダブルミキシング　152
ダムコンクリート　168
試し練り　117,132
単位細骨材量　130
単位水量　66,115,123,128,132
単位セメント量　124,129
単位粗骨材量　131
単位容積質量　38,106
弾性係数　94
短繊維　58
炭素繊維　58

遅延形　56
遅延剤　56
チッピング法　181
中性化　192
中性化速度係数　193
中性化残り　194
中性化深さ　193,194
中庸熱ポルトランドセメント　27

超早強ポルトランドセメント　27
超速硬セメント　31
超遅延剤　57
貯蔵　147
沈下収縮ひび割れ　73

低熱ポルトランドセメント　30
低発熱セメント　31
泥分　43
鉄アルミン酸四カルシウム　22
鉄筋コンクリート　6
電気防食　198
点検　220
天然骨材　36
転炉スラグ　48

凍害　200
凍結融解　200,203
凍結融解試験法　203
凍結融解抵抗性　122
透水係数　107
銅スラグ細骨材　48
動弾性係数　95
豆板　83
トベルモライト　26
土木構造物　7
トレードオフ　65,115

ナ 行

内在塩化物イオン　196
内部拘束　104
内部振動機　178
生コンクリート（生コン）　157

荷卸地点　158

熱拡散係数　108
熱伝導率　108
熱膨張係数　100
練混ぜ　150
練混ぜ時間　152

索引

練混ぜ性能 151
練混ぜ設備 146
粘土 21
粘土塊 43

伸び能力 95

ハ行

廃棄物 58
配合 114
　——の仮決定 117
配合強度 116,118
配合試験 126
配合設計 114
　——の条件 116
配合設計例 128
パイプクーリング 184
白色セメント 31
白色ポルトランドセメント 32
バッチミキサ 150
バラツキ 154
判定 220

美観 215
微小ひび割れ 93
引張強度 20,85
比熱 108
ひび割れ 20,101
　自己収縮による—— 101
　水和熱による—— 104
ひび割れ指数 103
評価 220
表乾状態 37
表乾密度 37
標準偏差 154
標準養生 80
標本範囲 154
標本分散→不偏分散
表面乾燥飽水状態 37,126
表面振動機 178
表面水率 38,126,132
表面水量 38
微粒分 43
疲労強度 90

疲労限（度） 90
品質管理 153
品質検査 157

ファンデルワールス力 10
フィニッシャビリティー 64
フェロニッケルスラグ（細）骨材 47,48
複合材料 2,3
副産物 58
袋詰めセメント 147
腐食 193
付着強度 89
普通コンクリート 106
普通ポルトランドセメント 27
不動態皮膜 193
不偏分散 154
不法加水 170,172
フライアッシュ 51
フライアッシュセメント 31
プラスチック収縮ひび割れ 72
プラスティシティー 64
ブリーディング 70
ふるい分け試験 39
プレウェッチング 148
プレキャストコンクリート部材 162
プレストレストコンクリート 6
フレッシュコンクリート 5,63
プレパックドコンクリート 41
分散粒子 9

平均値 154
ペシマム現象 205,208
ペシマム量 206
変形性能 91
変状 192
変動係数 154
防錆剤 57,198

膨張過程 206
膨張材 54
Bogueの式 24
補正 132
舗装コンクリート 86,123
ポゾラン活性 31,50
ポップアウト 200,205
ポルトランドセメント 21,27
ポンパビリティー 5,64

マ行

マイクロフィラー効果 52
曲げ強度 86
マスコンクリート 125,184

見かけの密度 37
ミキサ 83
水セメント比 82,109,117,121,129
密度 37

無機材料 2,3
無点検維持管理 215

毛細管空隙 14
モノサルフェート 10,26
モール円 88

ヤ行

ヤング係数 94

有機材料 2,3
有機不純物 42
有効吸水量 37
融氷剤 122

要求性能 19
養生 83,182
予定供用期間 213
呼び強度 159
予防維持管理 215

ラ行

ライフサイクルアナリシス 217

粒形　35, 40
粒度　35, 39
流動性　65
粒度曲線　39

レイタンス　70
レオロジー　74
レオロジー定数　74

劣化　192
　　──の許容範囲　215
劣化過程　197, 207
劣化期　194, 198, 202, 207
劣化機構　190, 192, 194
劣化現象　192
劣化予測　219
レディーミクストコンクリート　4, 145, 157
レディーミクストコンクリート工場　34
連続ミキサ　149, 150

ワ　行

ワーカビリティー　5, 64, 65
割増係数　118

著者略歴

大即信明（おおつき・のぶあき）
1951年　福岡県に生まれる
1975年　東京工業大学大学院修士課程修了
現　在　東京工業大学大学院理工学研究科
　　　　国際開発工学専攻
　　　　教授・工学博士

宮里心一（みやざと・しんいち）
1971年　東京都に生まれる
1996年　東京工業大学大学院修士課程修了
現　在　金沢工業大学環境・建築学部環境土木工学科
　　　　准教授・博士（工学）

朝倉土木工学シリーズ1
コンクリート材料　　　　　定価はカバーに表示

2003年11月25日　初版第1刷
2015年12月25日　　　第7刷

著　者　大　即　信　明
　　　　宮　里　心　一
発行者　朝　倉　邦　造
発行所　株式会社　朝倉書店
　　　　東京都新宿区新小川町6-29
　　　　郵便番号　162-8707
　　　　電話　03(3260)0141
　　　　FAX　03(3260)0180
　　　　http://www.asakura.co.jp

〈検印省略〉

© 2003〈無断複写・転載を禁ず〉　　壮光舎印刷・渡辺製本

ISBN 978-4-254-26501-9　C 3351　　Printed in Japan

JCOPY　〈(社)出版者著作権管理機構　委託出版物〉

本書の無断複写は著作権法上での例外を除き禁じられています．複写される場合は，そのつど事前に，(社)出版者著作権管理機構（電話 03-3513-6969，FAX 03-3513-6979，e-mail: info@jcopy.or.jp）の許諾を得てください．

好評の事典・辞典・ハンドブック

物理データ事典	日本物理学会 編	B5判 600頁
現代物理学ハンドブック	鈴木増雄ほか 訳	A5判 448頁
物理学大事典	鈴木増雄ほか 編	B5判 896頁
統計物理学ハンドブック	鈴木増雄ほか 訳	A5判 608頁
素粒子物理学ハンドブック	山田作衛ほか 編	A5判 688頁
超伝導ハンドブック	福山秀敏ほか編	A5判 328頁
化学測定の事典	梅澤喜夫 編	A5判 352頁
炭素の事典	伊与田正彦ほか 編	A5判 660頁
元素大百科事典	渡辺 正 監訳	B5判 712頁
ガラスの百科事典	作花済夫ほか 編	A5判 696頁
セラミックスの事典	山村 博ほか 監修	A5判 496頁
高分子分析ハンドブック	高分子分析研究懇談会 編	B5判 1268頁
エネルギーの事典	日本エネルギー学会 編	B5判 768頁
モータの事典	曽根 悟ほか 編	B5判 520頁
電子物性・材料の事典	森泉豊栄ほか 編	A5判 696頁
電子材料ハンドブック	木村忠正ほか 編	B5判 1012頁
計算力学ハンドブック	矢川元基ほか 編	B5判 680頁
コンクリート工学ハンドブック	小柳 洽ほか 編	B5判 1536頁
測量工学ハンドブック	村井俊治 編	B5判 544頁
建築設備ハンドブック	紀谷文樹ほか 編	B5判 948頁
建築大百科事典	長澤 泰ほか 編	B5判 720頁

価格・概要等は小社ホームページをご覧ください．